西方思想文化译丛

哲学

Was ist Phänomenologie?

什么是现象学？

Alexander Schnell
〔德〕亚历山大·席勒尔 / 著　李岱巍 / 译

刘　铭　主编

海峡出版发行集团 | 福建教育出版社

图书在版编目（CIP）数据

什么是现象学？／（德）亚历山大·席勒尔著；李岱巍译. ——2版（修订版）. ——福州：福建教育出版社，2024.5
（西方思想文化译丛／刘铭主编）
ISBN 978-7-5334-9943-3

Ⅰ.①什… Ⅱ.①亚…②李… Ⅲ.①现象学 Ⅳ.①B81-06

中国国家版本馆CIP数据核字（2024）第081563号

Was ist Phänomenologie?
Copyright© Vittorio Klostermann GmbH, Frankfurt am Main, 2019.

西方思想文化译丛
刘铭 主编

Was ist Phänomenologie?
什么是现象学？
（德）亚历山大·席勒尔 著 李岱巍 译

出版发行	福建教育出版社
	（福州市梦山路27号 邮编：350025 网址：www.fep.com.cn
	编辑部电话：010-62027445
	发行部电话：010-62024258 0591-87115073）
出 版 人	江金辉
印 刷	福建新华联合印务集团有限公司
	（福州市晋安区后屿路6号 邮编：350014）
开 本	850毫米×1168毫米 1/32
印 张	6.875
字 数	131千字
插 页	1
版 次	2024年5月第2版 2024年5月第1次印刷
书 号	ISBN 978-7-5334-9943-3
定 价	39.00元

如发现本书印装质量问题，请向本社出版科（电话：0591-83726019）调换。

编者的话

在经过书系的多年发展之后,我一直想表达一些感谢和期待。随着全球新冠肺炎疫情的爆发,与随之而来的全球经济衰退和政治不安因素的增加,各种思潮也开始变得混乱,加之新技术又加剧了一些矛盾……,我们注定要更强烈地感受到危机并且要长时间面对这样的世界。回想我们也经历了改革开放发展的黄金40年,这是历史上最辉煌的经济发展时段之一,也是思潮最为涌动的时期之一。最近的情形,使我相信这几十年从上而下的经济政治的进步,各种思考和论争,对人类的重要性可能都不如战争中一个小小的核弹发射器,世界的真实似乎都不重要了。然而,另一方面,人类对物质的欲望在网络时代被更夸大地刺激着,陀思妥耶夫斯基的大法官之问甚至可能成为这个时代多余的思考,各种因素使得年轻人不愿把人文学科作为一种重要的人生职业选择,这令我们部分从业者感到失落。但在我看来,其实人文学科的发展或衰退如同经济危机和高速发展一样,它总是一个阶段性的现象,不必过分夸大。我坚信人文学科还是能够继续发展,每一代年轻人也不会抛弃对生命意义的反思。我们对新一代有多不满,我们也就能从年轻人身上看到多大的希望,这些希望就是我们不停地阅读、反思、教授的动力。我想,这也是我们还能坚持做一个思想文化类的译丛，并且得到福建教育出版社大力支持的原因。

八闽之地，人杰地灵，尤其是近代以来，为中华文化接续和创新做出了重要的贡献。严复先生顺应时代所需，积极投身教育和文化翻译工作，试图引进足以改革积弊日久的传统文化的新基因，以西学震荡国人的认知，虽略显激进，但严复先生确实足以成为当时先进启蒙文化的代表。而当今时代，文化发展之快，时代精神变革之大，并不啻于百年前。随着经济和政治竞争的激烈，更多本应自觉发展的文化因素，也被裹挟进入一个个思想的战场，而发展好本国文化的最好途径，依然不是闭关锁国，而是更积极地去了解世界和引进新思想，通过同情的理解和理性的批判，获得我们自己的文化发展资源，参与时代的全面进步。这可以看作是严复、林纾等先贤们开放的文化精神的延续，也是我们国家改革开放精神的发展。作为一家长期专业从事教育图书出版的机构，福建教育出版社的坚持，就是出版人眼中更宽广的精神时空，更真实的现实和更深远的人类意义的结合，我们希望这种一致的理想能够推动书系的工作继续下去，这个小小的书系能为我们的文化发展做出微小的贡献。

这个书系的产生在来自于不同学科、不同学术背景的同道对一些问题的争论，我们认为可以把自己的研究领域前沿而有趣的东西先翻译过来，用作品说话，而不流于散漫的口舌之争，以引导更深的探索。书系定位为较为专业和自由的翻译平台，我们希望在此基础之上建立一个学术研究和交流的平台。在书目的编选上亦体现了这种自由和专业性结合的特点。最初的译者大多都是在欧洲攻读博士学位的新人，从自己研究擅长的领域开始，虽然也会有各种的问题，但也带来了颇多新鲜有趣的研究，可以给我们更多不同的思路，带来思想上的冲击。随着大家研究的深入，这个书系将会带来更加优秀的原著和研究作品。我们坚信人文精神不会消亡，甚至根本不会消退，在我们每一本书里都能感到作者、译者、编者的热情，也看到了我们的共同成长，我们依然会坚持这些理想，继续前进。

刘铭
于扬州大学荷花池校区

献给我的女儿阿达尔吉萨·安娜

目　录

中文版作者序 ／ 001
译者导言 ／ 005
内容分析要目 ／ 009
前言 ／ 021
导言：何谓现象学地哲思？ ／ 027

第一部分 关于现象学的方法 ／ 041
第一章 现象学的方法 ／ 043
第二章 理解理论的现象学诸方法 ／ 071

第二部分 作为先验观念论的现象学 ／ 091
第三章 从后康德时代观念论出发的先验现象学 ／ 093
第四章 从生活世界出发的先验现象学 ／ 121

第三部分 现象学及有关实在的问题 ／ 151
第五章 意义构成的先验现象学与"思辨实在论" ／ 153
第六章 实在的意义 ／ 183

再版译后记 ／ 206

中文版作者序

众所周知，现象学长久以来都与东亚尤其是中国有着紧密的联系。从具体学术上的连接来说，中国有着许多出色的现象学专业人士，其中的杰出代表如：浙江的倪梁康及其弟子马迎辉、广州的方向红和张伟、北京的刘哲、中国台湾的黄冠闵以及中国香港的新一代学人Leonard Ip。现象学学者与中国的思想者（老子）的接触也由来已久（最早自海德格尔），这种关联不断深化（克劳斯·黑尔德和汉斯·莱纳·塞普），相互间的交流也不曾间断。这一现象绝非只具有逸事性的特征，而是有着系统性的意味，今天欧洲的许多研究者都意识到并都在强调这一点。

相比之前所诞生和发展的第一个百年，现象学在21世纪显现出一种发散性，即一种多面向的发展，与心理学、认知科学甚至"新实在论"的理论融为一体。这种发散不只展现出某种价值，如果我们对现象学的理论来源不管不顾，它同时也会带来某种危害。现象学的最强特征总是与先验哲学相切近——这点既适用于胡塞尔、海德格尔和芬克，也适用于列维纳斯、梅洛-庞蒂、亨利、里希尔和藤勒伊。但在那些"自然主义化了的"或常以"实在论"形式出现的现象学那里，这种特征要么被错判，要么被简单地错误理解，现象学也因此失去了其本来样貌和轮廓。

这本现象学的（也可以说成是先验现象学的）导论有三重目标：首先在向现象学之开端（成熟时期的胡塞尔）的回溯中将现象学呈现为一门真正的先验哲学；其次要指明当代现象学（特别是现象学的形而上学）的主要论题之所在，以及由此凸显的与德国古典哲学整体的本质性关联，基于此现象学才能划定其本己的边界；最后则要尝试与当代其他主要哲学流派（如"思辨实在论"）进行论辩。

我要感谢译者李岱巍让本书得以用中文的方式呈现给众多读者。希望他的翻译作品能够为建立和加深欧洲和中国的现象学学者之间的交流做出贡献。

于伍伯塔尔
2022年4月

Vorwort des Autors für die chinesische Übersetzung

Dass die Phänomenologie seit langem nicht nur mit Ostasien, sondern insbesondere mit China in einem regen Austausch steht, ist bekannt. Über die im engeren Sinne akademischen Verbindungen hinaus, die viele exzellente Fachleute in China hervorgebracht haben- stellvertretend für viele seien genannt: Liangkang Ni und sein Schüler Yinghui Ma (Zhejiang) sowie Xianghong Fang und Wei Zhang (Guangzhou), aber auch Liu Zhe in Peking und Kuanmin Huang in Taiwan sowie aus der jüngsten Generation Leonard Ip in Hongkong - wird aber seit einiger Zeit deutlich, dass Phänomenologen (allen voran Heidegger) schon früh mit chinesischem Denkern (etwa mit Laozi) in Berührung gekommen sind, diesen Bezug vertieft haben (zum Beispiel Klaus Held und Hans-Rainer Sepp) und der Austausch somit in beiden Richtungen stattgefunden hat und weiterhin stattfindet. Dass das keinen bloß anekdotischen Charakter hat, sondern systematisch von Bedeutung ist, wird heute von vielerlei Forscherinnen und Forschern in Europa zur Kenntnis genommen und hervorgehoben.

Die Phänomenologie im 21. Jahrhundert zeichnet sich – mehr noch als in den ersten hundert Jahren ihrer Ausgestaltung und Entwicklung - durch eine Zerstreuung aus, durch die sie sich in vielerlei Richtungen entfaltet. Sie interagiert mit der Psychologie, den Kognitionswissen- schaften sowie den „neuen Realismen ". Diese Zerstreuung ist aber nicht bloß eine Tugend, sondern sie kann für die Phänomenologie, wenn sie

什么是现象学？
Was ist Phänomenologie?

sich nicht auf ihre thematischen Ursprünge besinnt, auch eine Bedrohung darstellen. In ihren stärksten Ausgestaltungen hat die Phänomenologie stets ihre Nähe zur Transzendentalphilosophie bekundet - das gilt für Husserl, Heidegger und Fink, genauso aber auch für Levinas, Merleau-Ponty, Henry, Richir und Tengelyi. Dies wird jedoch in jenen Tendenzen, die eine „naturalisierte " oder offen „realistische " Form der Phänomenologie vertreten, verkannt oder schlicht missverstanden. Dadurch verliert die Phänomenologie ihr eigenes Gesicht und Profil.

Diese Einführung in die Phänomenologie - und das heißt: in die *transzendentale* Phänomenologie–hat eine dreifache Absicht. Sie soll in einer Rückbesinnung auf ihre Anfänge (beim reifen Husserl) die Phänomenologie als genuine *Transzendental*philosophie vorstellen. Sie soll zeigen, worin für die zeitgenössische Phänomenologie ihre thematischen Schwerpunkte liegen-insbesondere in Hinblick auf eine phänomenologische Metaphysik-und dabei ist der Rückbezug auf die klassische deutsche Philosophie ganz wesentlich. Die Phänomenologie wird hierdurch an ihre eigenen Grenzen geführt. Und sie soll schließlich die Auseinandersetzung mit anderen Hauptströmungen der zeitgenössischen Philosophie-etwa dem „spekulativen Realismus "-wagen.

Ich danke dem Übersetzer, Daiwei Li, dass er es möglich gemacht hat, diesen Essay den chinesischen Leserinnen und Lesern zugänglich zu machen. Möge seine chinesische Übersetzung dazu beitragen, den Austausch zwischen Phänomenologinnen und Phänomenologen aus Europa und China auszubauen und zu vertiefen.

Wuppertal, April 2022

译者导言

《什么是现象学?》(*Was ist Phänomenologie?*)并不宜依名称将其简单地预先定位为一部针对初学者的导论性著作,正如作者在前言一开始所提到的。恰恰相反,它是一部严肃而又有深度的研究性读本,对当代现象学的诸多议题提出了独到的见解和阐释。因此,对于一些现象学的基本概念和思想,书中虽有提及但并未有过多笔墨,而是用更多的篇幅介绍有关现象学的最新发展方向和为相关论题提出具体的辩护。亚历山大·席勒尔(Alexander Schnell)自2016年起担任德国伍伯塔尔大学理论哲学与现象学讲席教授,他虽然在德国出生长大,却是在法国接受哲学训练并首先在法国现象学界崭露头角,然后再回到德国担任教职。席勒尔的早期著作多以法语写成,《什么是现象学?》是他第三本德语专著。在书中,他将现象学称为一种思辨的先验观念论并试图将其界定为一项开放的、尚未完成的哲学事业。他的主要目的是通过大概地勾画出这项事业的轮廓,澄清其关键要点,以便激发后来者共同完成现象学这一未尽的事业。在席勒尔看来,回答"什么是现象学"的问题可以归结为对如下两个基本问题的思考:(1)如何理解现象学的认识概念;(2)如何理解现象学的先验主体性与实在的关系。而解答这两个问题的关键点又在于如何调和有关认知合法性的现象学认识论和有关存在之身份的现象学本体论之间的内在张力。换句话说，席勒尔心中现象学的理想形态必须要能够融贯地同时包含两大现象学家（胡塞尔和海德格尔）的主体思想！这无疑是一个颇具雄心又不易实现的构想，因为我们知道，胡塞尔和海德格尔对现象学的理解有诸多不同，在某些方面他们甚至有着完全对立的观点。想要在一本不到两百页的小册子里厘清二者的区别，剔除矛盾之处，然后将他们的思想融合为一个一以贯之的理论是相当困难的。不过，席勒尔似乎也并没有打算对此做出全面的论述，他所采取的方法是先粗略地勾勒出通达这一理论的诸多可能道路，然后在每一条道路上挑取他认为值得注意和强调的关键点进行讨论和论证，留下一些理论空间和细节于之后的著述中补充，抑或让读者自己去思考。

　　本书分为三个部分，可以看作作者对其心目中三条通达理想现象学的三种尝试：（1）现象学的方法；（2）将英国经验主义和德国观念论作为现象学的理论源泉；（3）与当代思辨实在论的论战及由此引出的现象学实在概念。每一部分又各分两章，第一章从胡塞尔现象学的角度对作为方法论的现象学的一些基本概念——如悬置、还原、描述、本质变更、建构——进行了阐明。第二章则从海德格尔的理解概念出发对胡塞尔的现象学方法论进行了重构。第三章、第四章从历史的角度分别追溯了现象学与德国观念论和英国经验主义的思想关联，后两者都为胡塞尔的晚期著作《危机》中对先验现象学的最终解释提供了重要的理论源泉。第五章、第六章专注于实在概念。第五章作者通过回应当代思辨实在论的代表人物甘丹·梅亚苏对现象学的关联主义的批判来澄清现象学作为一种思辨观念主义是如何应对思辨思维的理论有效性问题。第六章转向现象学对实在概念的理解,提出"意义构成的原现象"之实在概念,为建立一种新形态的"建构的现象学"提供基础的观点。

《什么是现象学?》作为一本当代现象学学者的最新力作,作者还对当下德法现象学的一些最新热点问题,如现象学与语言哲学的争论、第二代及第三代现象学学者对初代现象学家思想的传承和推进、现象学与当代欧陆其他哲学思想的碰撞等作了很好的诠释和注解。这也是席勒尔的著作首次被译为中文,希望这本小册子的出版能让国内读者和学人了解国际现象学界,尤其是在法国现象学影响下的德国现象学研究的最新成果和发展趋势。

翻译本书的契机始于2019年2月4日,恰逢大年三十,席勒尔教授在波恩大学哲学院哲学工作坊主持讨论他的新书《什么是现象学?》,我有幸在场并因此接触到此书,随后我将译介此书的想法告诉席勒尔教授,得到他的大力支持。席勒尔教授不仅积极帮忙联系版权、特别为中文版作序,而且在翻译过程中他还耐心地解答了我一些理解方面的问题。其间我也多次参加由席勒尔教授讲授的现象学课程和研讨班,他深厚的现象学和德国古典哲学功底、缜密而又不失趣味的授课风格和严谨的治学态度都给我留下了深刻的印象,让我受益匪浅,在此一并表示衷心的感谢。

最后,对中文翻译做两点说明。(1)现象学自诞生之日起就以晦涩的行文和层出不穷的新术语闻名,本书也或多或少兼具这两个特点。对于一些关键术语和不太常见的行文,我采取的做法是直接在文中给出原词(不再在书尾给出名词索引)和加译者注的方式,以便读者能够立即查证和知晓原文进而理解。现象学的专有名词的中译参考了国内学界前辈的用法,对于有争议的地方也以译者注的方式进行说明。(2)文献参考方面涉及胡塞尔和海德格尔的著作没有给出原文,因为二者的主要著作一般都有中译本。其他哲学家、学者的著作我都会给出原文标题,以方便有兴趣的读者进行查证。

于波恩
2022年春

内容分析要目

前言

现象学的未完成性和实现"现象学基本理念"的任务(欧根·芬克)。相对应的两个问题是:是什么让现象学的认识变得彻底地可理解?先验现象学中所特有的向"先验主体性"的回溯要如何与坚实的存在或实在概念的基础相协调?

现象学的三条可能道路:(1)现象学方法的阐明;(2)现象学历史-系统地向西方哲学传统(德国古典哲学和英国经验论)的基本主旨回溯;(3)将现象学放入到当代哲学的讨论中(在这是与"思辨实在论"的论争)。

对"基本理念"的讨论,以及作为先验观念论来理解的现象学统一性的问题。

导言:何谓现象学地哲思?

现象学与哲学。现象学与批判。"实事本身。"现象学的现象概念。现象学的现象概念与康德的"现象主义"的划界。现象与关联性。现象学写作方式的简短说明。

现象学的先验观念论的基本诉求:真正的存在和认识之基底的自行完成。图根哈特对现象学的批判视角。图根哈特认为现象学以两个"语义前提"为基础。对图根哈特的回应。

什么是现象学？
Was ist Phänomenologie?

现象学哲思的四个论题：（1）双重的非前设性；（2）被发生的被给予性；（3）关联性；（4）理智化。

第一部分 关于现象学的方法

第一章 现象学的方法

对通过问题来诉求的作为哲学方法的现象学的刻画；同时表明不可能以"方法谈"作为现象学工作的开场白。

现象学的"基本视域"：建立在绝对"无前提性"之上的先验的和特殊的本体论框架。意义构成的四个遁点。（1）先验性。康德和费希特对先验的理解。胡塞尔的"先验经验"概念。（2）含有意义性。意义与理解。（3）本质学。"本质"概念，抑或"艾多斯（Eidos）"。胡塞尔对心理主义的批判。（4）关联性。现象学分析的三个层面和与之相关的每一个特殊的关联性。

现象学方法的基本概念。现象学悬置。先验还原。里希尔对胡塞尔悬置的彻底化。

本质变更。想象在本质变更中的作用。"观念化。"艾多斯与事实。概念抽象与观念化的区分。"被动的前构造"对艾多斯的构造的作用。"混合统一体。"本质变更的本体论牵连。与"柏拉图主义"的区分。

现象学的描述。现象学的"批判维度"。"先验素朴性。"意向蕴含之状况。视域意向性。直观明见性作为现象学"所有原则的原则"。

010

现象学的建构。拆解还原和现象学的建构。"建构直观。"现象学的建构和现象学的"之字形"。

第二章 理解理论的现象学诸方法

理解作为现象学方法的下一个基本概念。理解概念下的两个特有的紧张关系；"自身"在紧张关系中的角色。为对在哲学自身中处理理解问题相对于在精神科学、文化科学中处理理解问题的辩护。在对理解问题的研究中应避免的两个暗礁。

海德格尔对理解的把握。理解作为在理解域中向意义的自-筹划。"解释学循环。"意义作为自身的自-释义（及"此在的本体论属性"在自-释义中的作用）。

费希特对理解的把握。理解和洞察（洞见）。洞见-概念的不同面向。费希特的理解理论和成像学。理解与明晰。海德格尔和费希特观点的交叠。

理解和使站定。"使别样化"对理解问题的积极贡献。

可理解物（或者说自明物）与非自明物的关系。"不可理解物"作为被理解物的背景。理解作为理解力的扩展，作为"综合性先天的视域揭示"。现象学"建构"的作用，抑或"发生化"在对理解的理解中的作用。如此理解的现象学的出路：不"回到"实事，而是"超越""不可还原性"和"被给予性"。不可还原物的"肯定性"。

第二部分 作为先验观念论的现象学

第三章 从后康德时代观念论出发的先验现象学

现象学的认识论和本体论的基础。康德作为先验现象学的先行者。现象学对先验概念的创新。

引述胡塞尔、海德格尔和列维纳斯的话来表明将现象学理解为先验观念论之统一的合理性。回到德国古典哲学来审视为先验-观念论的现象学这一个统一体奠基的必要性。

认识论层面。对胡塞尔"所有原则的原则"的深化分析。这一现象学最高原则的费希特哲学的背景。

通过直观明见性合法化认识的两个步骤。第一步："意向性蕴含"的证明。第二步："现象学建构"的施行。现象学建构与费希特的发生建构的联系。

海德格尔的"使能"概念。其与费希特使能的"双重化"的联系。

本体论层面。有关现象学诸现象的"最终之存在意义"的问题。费希特与谢林有关先验观念之特征的争论。列维纳斯与谢林观点的联系。

对意识对对象的指涉和"新本体论"的开辟的深化分析。三个主要内容：(1) 现象学的真理概念（胡塞尔）；(2) 构造者和被构造物间的"互为条件性关系"中的"存在奠基"（列维纳斯）；(3) 互为条件性关系的发生化（列维纳斯）。

在上两个层面上获得的认识对主-客-关联之状况的影响。

有关内在和前内在意识领域的统一性的问题。有关认识论与本体论视角融合之可能的问题。费希特基于"使能化"概念对问题的回答。对海德格尔在《形而上学的基本概念》中的"使能化"概念的深化分析。"基本事件"概念及其三要素。

章节要点总结。

第四章 从生活世界出发的先验现象学

近代哲学的基本动机：客观主义。数学基底作为主要特征化物对客观主义的置换。休谟对客观主义在深层次上的"动摇"——"虚构产物"的构成。先验现象学的决定性任务：将休谟的视角彻底化并完成化，（1）现象存在者含有成像性、（2）现实客观性和（3）认识使可理解化必须一起被思考。

胡塞尔对休谟问题的解释：世界确信性的使可理解化。必须向主观被成就的"意义被构物"和其"含有构成的"特征回溯。

胡塞尔对"先验"概念的定义及其对意义-构成的基本指涉。

"生活世界"之于那一世界确信性的使可理解化的作用。生活世界的第一个规定性和其对克服近代科学危机的作用。

"生活世界悬置"让生活世界得以通达。普遍生活世界先天与科学的客观-逻辑先天通过从后者向前者的回溯地指明而得以分离。将目光从对世界前被给予性的执着中解放出来，以获得世界和世界意识的普遍关联，这在这里具有决定性意义。

什么是现象学?
Was ist Phänomenologie?

对展现出来的新的关联先天的精确化和阐明:"主体域"的昭示,在其中"意义构形"作为"构形构成"被构造。匿名主体领域的"精神材料"作为先验主体性"被精神化了的生活"。匿名主体性的世界构造之成就。

有关"有效性"和"存在"的联系的问题。"发生"和"有效性"的传统区分。费希特(先验存在的特殊意义)和胡塞尔(在"存在有效性"中存在和有效性的相同本源性)的两种对区分的逾越。

展示基本而特殊的将生活世界论题化的方式:目光必将指向——在独特的回转目光中——"综合整体性"的发挥着功效的成就化行为,其让前被给予的世界之显现得以可能。世界"前被给予性"的意义。"存在"和"有效性"的本源综合一统性的建立。"生活世界之科学"的理念的具体化。

现象学方法的根本改进通过经由休谟发起的对客观主义的动摇而得以彰显,后者也为先验现象学提供了基础。改进的主要有以下五个方面:

(1)先验的使可理解。对现象学新的基本任务的简述:认识合法性层面的认识使可理解化。意义构成在新任务中的决定性作用。在其中被证实的"意义构成与意义构成"的共同作用中的"交互主体性"(非"使共同化意义"下)的特殊效用。"现象学还原"到自我和"先验归纳"到意义构成的匿名过程(在胡塞尔尚未完成)的必要区分。通过向时间规定性的回溯来分析确认上一区分。意义构成对胡塞尔理性学说中的目的论取向所起的作用。

(2) 对直观明见性作为"所有原则的原则"的追问。非直观意识形式在意义构成过程中的作用，以及由此产生的对将明见的直观视为现象学最高原则的质疑。与笛卡尔路径中的方法相比，生活世界路径中的自我-思维-所思物的关系发生了反转。对在《危机》中的现象学相对于早期学说的强调。

(3) 对当下意识样式的主导地位的批评。每个意识都是"对某物的呈现"，其指明了一种普遍的关联之先天。这一呈现蕴含了当下化的样式，没有它，"对象和世界将不会为我们而在"。客观此在正是建立在不同的当下化样式当中。

(4) 对现象学描述的批评。"客观的"认识和"先验的"认识的基底。由此而来的"双重真理"。对客观科学代表着普遍科学的观点的拒斥。反对这样一种观点，即存在一门对原初的、构造的先验领域的描述性科学。对真正"探究"的强调，其在这里必须取代描述。胡塞尔关于描述性方法替代方案的解释存在不足。

(5) 意识消解化悖谬。对在主体性是从属于世界和在这一从属之下对世界构造的彻底地理解的不可能性之间的"悖谬"的指明。胡塞尔对信念态度和先验态度之间的紧张关系的阐明。认识基础"以其自身的力量"创造必然性和相应的主体的消解性。两种反思层级和相应的两种悬置方式。无世界的自我的

"独特的哲学之孤独状态"是彻底的哲学的方法论诉求。现象学的"内在"方法。"解除悖谬"的三个步骤：(i) 原真域的构造，在这一领域中所有对其他自我性的关涉都被排除在外；(ii) 通过去-异己化来异己感知化（与通过去-当下化来自行时间化类似）；(iii) 在人中的先验自我的自身客体化。信念的和非信念（先验）的态度。世界从属的和非世界从属的先验-构造着的自我之间的张力向绝对唯一的（原）自我和交互主体性间的张力上转移，交互主体性反过来又是之于世界性和客体性而言构造性的。

胡塞尔和海德格尔在一般思维方法和交互主体性的作用方面的双重对立观点［同时胡塞尔的立场已经接近于"还没出现的（Avant la lettre）"列维纳斯的立场］。

对现象学方法的最后总结。现象学与自然科学（先验的使可理解 VS. 所有的解释方式）方法论的根本差异。现象学并不扩充知识，而是对意义和意义有效性的回问。胡塞尔式的思考方式在先验自我的限制下的界限。

第三部分 现象学及有关实在的问题

第五章 意义构成的先验现象学与"思辨实在论"

现象学与甘丹·梅亚苏的"思辨实在论"对峙的理由：现象学需要面对对有关"绝对者"和"法则"的问题的思辨性思考的挑战。章节划分。

对"前先祖性论证"的重构。解释关联主义者的论点，前先祖性能通过先验"逆向投影"来解释。梅亚苏的两个反驳及关联主义的回应。

梅亚苏反对关联主义的主要证明：关联主义无法通过对"必然基础的揭示"来"超出主体和世界在凡人的共同体中的例示化而去实体化主体与世界的相互关系"。梅亚苏有关先验意识的去身体化和经验的具身化的无意义性的论断。梅亚苏对其观点的强调：(i) 断言不可能将"被主体化"的过去与"前先祖的"过去置于相同的层面；(ii) 先验现象学立场的不可行性，因为实在论立场是所有现象学论述有意义的前提；(iii)"空白的被给予性"与"被给予性之空白"的区分。梅亚苏的可能性概念。关联主义的回应：在现象学中的主体身份与梅亚苏所理解的主体是不一致的（因为现象学的主体要经过现象学的悬置，而梅亚苏不承认这一点）。

"前先祖性的二律背反。"梅亚苏对关联主义、主观主义（主观主义的形而上学）和思辨实在论及由此涉及的"偶然性""实是性"和"原-实是性"的区分。关联主义的观点：关联的去绝对化。主观主义的观点：关联的绝对化。思辨实在论的观点：对关联的原-实是性（=事实性原则）的绝对化，将其作为脱离关联主义的准则。对梅亚苏方法的批评：从现象的内容中汲取事务性的问题（=现象学的方法）VS. 思辨实在论的组合型的方法。

什么是现象学？
Was ist Phänomenologie?

梅亚苏绝对化的证明：必然的、绝对的"实际的被思考–成为物"。概述现象学的"思辨观念论"的对立论点，其认为"可思考性"只有在关联主义的框架下才有意义。

"现象学的思辨观念论"抑或"思辨先验主义"的基础。"关联主义的先验矩列。"塑造矩列的基本动机：关联性（关联）、含有意义性（意义，及联系在一起的——含有显现性）和反思性（反思）之间的相互指明。这一矩列——在自身反思过程中——存在于对具有质的不同的三层自身反思的执行之中。对"先验归纳"的进一步说明。

第一层反思：视域揭示的在前摄中把握，(a) 意识结构，(b) 意义的筹划，(c) 认识的使可理解化概念。由此因应一个三重二元性，主体与客体，被筹划的意义与自给予的意义，认识的使可理解化原则的原像和映像。

第二层反思：其反映出另一个三重二元性，(a) 自身意识，(b) 解释学真理，(c) 作为筹划着的消解化和消解化着的筹划的"可塑性"。

第三层反思：其导向内向化的自身反思，(a) 前内在，或前现象性作为"'先验归纳的'空间域"，(b) 生产性，(c) 先验和超验的可反思性。理解使能化和存在使能化。先验反思法则（"使能的双重化"）。"本体论的盈余"作为"实在之承载"。关联主义的先验矩列的图示。

"可反思性"作为关联主义或现象学的思辨观念论的"原则"。作为关联主义或现象学的思辨观念论的"绝对者"的存在的三个基本规定：(1)"前-存在"或"先行性"；(2)本体论"盈余"；(3)"存在奠基"。存在作为"先行的，奠基的盈余性"。

第六章 实在的意义

"实在"的两个基本前设：视角性和超主体的盈余性。有关现实显现者一般可能性的问题是有关实在的根本问题。由此而来的两个新问题：如何理解视角性和盈余性之间所谓的"介于"（这是有关每一个意识指涉的本源之"所向"的问题）？另外，视角性也是人的此在（海德格尔）的"本体论属性"的基础。"介于"与为每个世界指涉"着色"的规定性如何联系在一起？

对"关联主义"概念（从历史角度）的新考察。关联主义与康德的"哥白尼式的革命"。康德的"先验主义"。康德的"现象主义"。康德先验方法下对关联问题讨论的缺陷——"实在的本体之不定性"。海德格尔与笛卡尔有关"外在世界的实在"的论述。笛卡尔的"知识学主义"。海德格尔对知识学主义的三个批评。关联主义的四个基本样式：(1)康德对先验统觉与其判断理论的连接；(2)费希特的不可还原的存在-思维-关联作为对前康德哲学传统的独断论本体论的回应；(3)胡塞尔的意向性分析；(4)海德格尔的此在分析。

"意义构成"作为现象学关联主义的核心概念。胡塞尔的

"构造"和"发生"。"静态"和"发生"现象学。通过对"条件"和"历史"的共同思考而对"发生"视角的强调。

意义构成的三个基本面向：(1)构成-生成的发生；(2)幻想；(3)通过成像-图示化的过程性的成像性。里希尔对（通过想象的）幻想的看法。

"成像性"之状况和在意义构成下的"成像-图示化"的过程。论述的目的：对"现象的现象性"的奠基和对实在之状况的深化。

"意义构成的原现象。"实在与成像相等同的论断。现象与成像相等同的论断。意义构成和现象学的建构。再次回到"先验归纳"。原现象的"第一成像"：对认识的使可理解化之映像的筹划。原现象的"第二成像"：通过"筹划的消解化"及"消解化的筹划"被塑造的可塑性。原现象的"第三成像"：作为内向化反思法则的可反思性。理解使能化（先验的可反思性）和存在使能化（超验的可反思性）。原现象的"第三成像"作为幻想的过程性。存在盈余作为"实在之承载"。作为现象性的现象性的发生。作为"悬欠着的内立"（海德格尔）的现象性。作为存在的、与"悬欠着的内立"必然相连的实在。作为"存在-内立的-外立性"，"存在-去-外-立"或"存在内外生性"的实在。

前　言

对于"什么是现象学"这一问题的回答要始于这样一个前提：现象学——至少在其不断向前发展的动态进程中——已然完成。一百多年来几代现象学学者对各种不同论题做了大量研究，出版了无数的研究文献并被归为同一个哲学流派（或者难道不须用复数的"诸流派"来称呼？），从这样一个事实得出这样一种推定似乎也不无道理。也正是由于各种成果的多样性，要在一本内容有限的小册子中对现象学的本质作出规定及对各种不同的现象学假定作出合理的评定显得尤为困难。本书打算至少部分地回应这一挑战，但需要从一开始就强调的是，本书并不是一部现象学的指导手册——至少它不会满足从历史和体系的角度介绍现象学的基本知识这一期许。幸运的是，此类有用的教科书已然存在，它们也很容易获得。本书毋宁说会采取这样一种做法：假定现象学尚未完成，并由此指明一项任务，其中还有现象学家们须去完成的部分，并且这项任务之于当代超出现象学领域的思想也同样可以变得有价值。

这项任务包括说明现象学两位奠基人（埃德蒙·胡塞尔和马丁·海德格尔）最重要的学生欧根·芬克（Eugen Fink）正确

什么是现象学？
Was ist Phänomenologie?

地称之为"现象学基本理念（Grundlegundsidee）"的东西。[1]在这个理念中揭示出一种"彻底的自身思义（Selbstbesinnung）"[2]只要其通过一种彻底化的姿态向"先验主体性（transzendentale Subjektivität）"[3]回退，那么它就必须被理解为一种"所有世界之有效性的有效承载"。并且只有在对以下两个基本问题给出了满意的答案之后，现象学的基本理念才有可能实现，即：如何让现象学的认识（Erkenntnis）[4]变得彻底可理解和对"先验主体性"的回溯要如何与建立一个坚实的存在（Sein）[5]或实在（Realität）概念相一致，以便能为"世界的超验（Transzendenz der Welt）"作出解释。我们不能将两个问题分开并各自单独解答，

---

[1] E. 芬克：《埃德蒙德·胡塞尔的现象学想要达成什么？》（»Was will die Phänomenologie Edmund Husserls?«）（1934），载《现象学研究 1930—1939》，海牙，M. 奈霍夫出版社，1966年，第157页。可以说，这本书也许不仅回答了"什么是现象学"这个问题，而且还特别给出了"现象学可能（关于使现象学得以可能的东西）是什么"的问题的答案。由此，需要明确的是，本书中所呈现的一系列反思实际上预设读者对现象学具有一定的熟悉度，所以本书的目标读者也主要是（尽管远非仅限于）那些已经参与到现象学当中的人。联系到芬克，他的情况也符合这一点，且他是在其著作中真真确确地为有关现象学的反思作了非常重要贡献的人。

[2] "Besinnung"无论是在胡德尔还是海德格尔那里都是很重要的概念，不过国内外文献对此概念的解释尚不多。倪梁康和孙周兴从各自角度分别将其译为"思义"和"沉思"。本译文采取前一种，但仅在现象学的特殊语境下使用，如无此语境则一律译为其字面意思"沉思"或"反思"。——译者注

[3] 有关"transzendental"在现象学语境的中文翻译问题在学界的争论由来已久。倪梁康、王炳文主张译为"超越（论）的"，孙周兴、邓晓芒主张译为"先验（论）的"。本译文采用后一种。——译者注

[4] "Erkenntnis"在本书中有时依据语境也译为"知识"，虽然这样很难和"Wissen"（同样译为"知识"）区别开来。——译者注

[5] "Sein"及"Dasein"的翻译在国内学界也没有一致意见。溥林、王路主张译为"是（者）"和"此是"，陈嘉映主张译为"存在"和"此在"，本译文取后一种（当然，还有学者将"Dasein"译为"亲在""缘在""亲有""定在"等）。——译者注

如果现象学确要表现为一个系统统一的课题,那么,我们就必须看到并弄清,在胡塞尔那认识论的——即作为先验观念论的——现象学视角如何能够与海德格尔现象学本体论的视角放到一起来思考。迄今为止,对于这一愿景的达成——以及对完成这一课题与实现上述现象学基本理念间的必然联系的澄明——似乎在有关现象学的文献中还有所欠缺。

本书正是旨在达成这一愿景,让其可以被视为一个对通向现象学的诸种道路的指引,并对它们都作出初步的探索。其中有三条可能的径路将会被详细考察。首先需要深入其中的是现象学的方法。如果在现象学中,方法从来不是规范性的,而是必须总是从方法论反思中的"实事"出发的话,那么方法论问题就应是本书最后要处理的课题(因此也放在书的最后)。然而,既然现象学被定义为一种"方法"并没有错,而且本书前两章提出了也许是最著名的现象学学说,并为下文奠定了基础,那么方法论反思就依然是进入现象学的第一条道路的核心。第二条道路在于对哲学史上的两个里程碑式的学说——确切而言就是在现象学的形成中起着决定性的根本推动作用的两个学派,一个是德国观念论,一个是盎格鲁-撒克逊的经验论——进行的历史-系统性的论争的考察之中。这也将给我们介绍现象学诸多重要的纲领性著作(比如胡塞尔的《危机》)之基本思想的机会。第三条道路则试图通过现象学与当代思想——"思辨实在论(spekulativen Realismus)"的论争借机提出"现象学的思辨

什么是现象学？
Was ist Phänomenologie?

观念论",以及从先验现象学的角度对基础性概念实在(Realität)进行澄清。[1]第四条道路,这可能是最显而易见且实际上最合适的一条道路,但却不得不带有矛盾意味地将其省略掉(有一重要的例外[2]),这一道路要求我们专研精细的具体问题,并最大化地进入到详尽的研究工作当中。省略它既是出于平衡全文内在结构的考虑,也是因为一个两难:基于篇幅的限制,任何对个别问题的选择都只能至多展现出具体的现象学之"工作哲学(Arbeitsphilosophie)"的部分样貌。这样的做法也必然会导致去广泛考察二手文献的需要,但,因为理解现象学具体意味着对相关分析的亲历而为,所以二手文献对导论性质的思考的帮助无论如何还是有限的。这一点也将通过现象学中的一个最佳范例而有所体现,即从"基本理念"出发从认识论和本体论方面对现象学所做的基本展开。

现在已经明了,对现象学做导论的尝试要与一个严肃的困难作斗争,即,如下情况要如何可能:在不去介绍现象学家个人及其对现象学研究往往具有大相径庭的贡献的情况下,从一

---

[1] 对这里给出的分析人们当然还可以有其他解释并从中理出通向现象学的两条道路:第一条在于——将胡塞尔与海德格尔的构想结合起来——对现象学–解释学进路的强调,并最终认为现象学实现了一种"先验的使可理解(Verständlichmachen)"(这一观点因此着重强调了在现象学的理解方式中的先验维度);第二条道路强调现象学的先验-观念论的方法,不过这并不是要回溯至一个本我的(egologisch)判定者上去,而是着重引入一个意义构成(Sinnbildung)的匿名领域,这也让胡塞尔的后期工作与新的(特别是法语)现象学的连接得以可能。

[2] 这一例外是现象学对"关联主义(Korrelationismus)的先验矩阵(Matrix)"(第五章)的分析及其中所包含的"意义构成的原现象(Urphänomen)"(第五章、第六章)的分析。

个统一的角度去谈论"那一个"现象学,并且同时还声称要介绍"那一个"现象学的系统基本立场并解释其中的几个"根本"面向。如何可以在将胡塞尔、海德格尔、芬克、梅洛-庞蒂、列维纳斯、里希尔(Richir)等不同的现象学思想解释为同一类的同时,既不弱化各自的原创性,又让其贡献得以恰当地体现?对此我们只能这样来回答:要尽可能多地谨慎,尽可能少地教条主义,但同时也要明确地指出——出于现象学诸奠基人的初衷,以及这种初衷受惠于西方哲学的传统来看——现象学遵循一个基本课题,尽管现象学家们各有其个人化的特点,它依然为他们指明了一个可分享的哲学论域和共同的思索方向。与当今普遍流行的先验哲学立场逐渐消退而转向历史化事实的哲学旨趣(以福柯的著作为典型)相对,本书想要表明的是,现象学的先验哲学[1]方案——伴随参考上世纪下半叶的一些哲学洞见——毫无疑问具有成为当代活的哲学的潜力,并且能够与西方哲学传统中的那些伟大的问题讨论联系起来。以下考虑的主要目的之一便是使人们尽可能理解这一点,并证明其合理性。[2]

亚历山大·席勒尔(施韦尔姆／LaGrandeVallée,2018年夏)

---

[1] 对"先验哲学"概念的解释当然是必须的,这也是本书的任务之一,其中尤其还要明了现象学是如何区别于经典的对"先验"概念的理解的。

[2] 菲利普·弗洛克(Philip Flock)、梯尔·郭曼(Till Grohmann)、法比安·艾哈特(Fabian Erhardt)和伊什特万·法泽卡斯(István Fazekas)对手稿进行了仔细阅读并提出了许多有建设性和富有成效的意见,促使本书在很多地方从根本上得以改进,我在此表示由衷的感谢。

导言：何谓现象学地哲思？

……没有把握先验态度之独特性和真正适应纯粹现象学之基调，人们尽管也能使用"现象学"这个词，但并未掌握其本质。[①]

现象学是一门特殊的哲学。人们可以将其看成自20世纪初以来影响最大的哲学运动之一，无数的知名思想家[②]从中涌现或受其影响。人们也可以强调现象学的特有方法，它以一种面向未来的新哲思之方式对传统哲学诸基本设定进行了重塑；抑或着重于现象学之于非哲学课题的开放性，赋予其一定的"现时性"，让现象学看起来比较符合当今学术之风貌，概括为一个富有魔幻力的词就是："跨学科性"。

现象学奠基人埃德蒙·胡塞尔20世纪初对现象学有重大开创意义的著作名为《纯粹现象学及现象学哲学的观念》（1913），

[①] E. 胡塞尔：《纯粹现象学及现象学哲学的观念》，1913年，《胡塞尔全集》，第3卷第1本，第200页。
[②] 我们自然可以将现象学家划分为不同的世代。我以为其中最重要的代表有埃德蒙德·胡塞尔（Edmund Husserl）、马丁·海德格尔（Martin Heidegger）、马克斯·舍勒（Max Scheler）、欧根·芬克（Eugen Fink）、罗曼·英伽登（Roman Ingarden）、雅恩·帕托什卡（Jan Patočka）、莫里斯·梅洛-庞蒂（Maurice Merleau-Ponty）、伊曼纽尔·列维纳斯（Emmanuel Levinas）、让-图赛·德桑提（Jean-Toussaint Desanti）、雅克·德里达（Jacques Derrida）、保罗·利科（Paul Ricoeur）、汉斯·布鲁门伯格（Hans Blumenberg）、米歇尔·昂利（Michel Henry）、让-吕克·马里翁（Jean-Luc Marion）、马克·里希尔（Marc Richir）、克劳斯·黑尔德（Klaus Held）、伯恩哈特·瓦登菲尔茨（Bernhard Waldenfels）、拉斯洛·藤勒伊（László Tengelyi）、君特·费加尔（Günter Figal）。

什么是现象学?
Was ist Phänomenologie?

这样一个行文笨拙、不太常见的两次命名的方式听起来有点多余,但却向我们传达了清楚的信息:限定语"现象学的"并不会自动地定义一种"哲学"。相对地,我们应该从中看出,"那个"哲学不是从一开始就是现象学的,或者(至少)直到某个时刻之前还不是。[1]事实毋宁是,胡塞尔旨在对哲学这一概念进行革新,从而有必要将现象学与传统的哲学理解区分开来。在这里,"新"主要体现在胡塞尔对他所处时代的哲学状况的批评,并试图将其引领回在他看来的哲学的根本起源上。

胡塞尔在早于《纯粹现象学及现象学哲学的观念》十几年出版的、可以算是现象学诞生之作的《逻辑研究》(1900／1901)第二部分序言中呼吁:"回到'实事'本身。"[2]现象学的两大驱动——对普遍哲学境况进行批判性的评价和对追求哲学本源理想的唤醒——交汇于这一著名的口号之中。然而,胡塞尔对他时代的哲学和哲学家的关注并非限于历史,也不止着眼于他所处的时代,而是致力于结构性的问题。需要特别指出的是,胡塞尔之于其后继者及现今的我们而言依然毫不过时,对于当代读者而言,他的现象学分析不再仅仅局限于哲学的内部事务,还牵涉到科学、精神、文化和政治-社会存在现象之整体图景。在这一图景中,知识显然不再与其真正的起源相联系。

---

[1] 在此标题中,现象学的心理-经验的"纯化"与哲学的先验-现象学的奠基是相互参照的。
[2] 《逻辑研究第二部分·现象学与知识论研究》,1901年,马克思·尼迈尔出版社,哈勒,第7页。

而这不可避免地会引发一种批判的立场，因为一种被纳入到一个对知者而言完全不明晰的预定框架之中的知识会是一种什么样的知识呢？从这个角度来说，现象学是从根本的批判维度对知识之根据和辩护进行长久而执着的追求。那么，什么构成了现象学对哲学的批判，并且对哲学本源的诉求对这一批判又具有什么样的帮助和效果呢？

我们可以先粗略地这样来看，对胡塞尔来说，19世纪最后几十年间的哲学一直在以两种方式误入歧途或者趋于无用。一是哲学在处理其与作为存在者和显现者之总体的世界的关系上，另一方面则是其与自身作为一种——本应去阐明世界之存在意义的——基本论述的关系上。哲学要么局限于实证的、经验可验证的和可数学化解释的事物从而甘做自然科学之婢女；要么陷入到书斋式的事业当中，着眼于哲学史的研究从而失去了与持续迅速变化之现实的任何联系。两种情况下的根本趋势都没有什么不同：哲学不再致力于存在和意义的本源，而是转向其在客观的可感知物和被给予物中的事实沉淀物（经验主义、实证主义和功能主义），亦或在一遍遍地对过去思想理论的平淡重复中虚耗，最终形成了一个孤立的、与世界脱节的学科（作为一种纯粹学术化了的哲学史"哲学"）。这两种情况也是相通的：即在面向僵化的客体性——从而无视或忽视其构造性（Konstitution）和发生性（Genetizität）——和对原本鲜活思想的模仿——只形成了干瘪的文字——之间存在着一定的共通性。

什么是现象学?
Was ist Phänomenologie?

对此胡塞尔呼吁我们"回到实事本身",要如何来理解这个说法呢?

"诸实事(Sachen)"之于现象学(Phänomenologie),从其名称就很容易看出,就是指"诸现象(Phänomene)"。现象学中的"现象"从一开始就指给我们一个复杂而困难的方向,这个方向打开了一个对"现象"进行解释的场域,而这也让现象学从一开始就成了一门(近乎无限)开放的"工作哲学"。诸现象是指在其诸(可能)显现中的"诸物(Dinge)"。哲学只有在"某物(etwas)""自身给出(sich gibt)"时才能有意义地去研究这个"某物"。对象性不能与思维指涉性(Denkenbezüglichkeit)分离。这并不是说对于每一个物而言都必须真的有一个思维者、一个意识与之相对,也不是说非要有思维的心理行为现实地发生,而是说将物看作一个纯粹"自在"的存在,是一个看起来也许很自然但实际上是形而上学之偏见的观点。现象学的出发点——至少之于胡塞尔是如此——在于将指涉性作为其最根本的哲学课题。现象性从一开始就是一种原初的、内在的关联性(Korrelativität)。或者换句话说,作为现象来理解的物始终具有两面性:一个是"客体"侧,属于"超验(transzendent)"域,例如某个地质层是否含有泥灰岩矿或褐煤矿这个事例,从某种意义上说是"从外部"进入到(可能的)意识之中的。另一个是不容易自发认识到的"主体"侧,也可以说成是意识的存在和事物被给予到意识的诸样式,属于"内在

（Immanenz）"域，但不宜将其理解为"心灵之内"。为了进一步说明"内在"的含义，与康德作一个比较可能会有所帮助，也让我们能做出重要的区分。

康德在《纯粹理性批判》中首次提出了其著名观点：人的认识只关乎"诸显现（Erscheinungen）"而非"物自体"。这里我们不用具体深究康德的"哥白尼式的革命"，只需强调的是，康德的"现象主义"（后面会详细阐述）是建立在其有关必然认识的可能性证明之上的。康德的基本点在于："必然性（Notwendigkeit）"，即诸存在者井然有序的、决然的（apodiktisch）的规定性和结构性不可能来自于混乱的感观多样性，而是必须经由主体将其"置入（hineingelegt）"到客观经验中。这之于康德有效仅限于认识论的目的，即要遵循这一点：如果要对认识进行辩护，就必须要假定（回溯到"先验主体"上的）主观先天之能力。但这个"主观方面"既没有本体论的关涉，在方法上也没有超出假定-逻辑的基本框架。

胡塞尔却完全不同。内在于现象中的主观被给予方式与客观被给予性间的关系，胡塞尔将其称为"诸耶思（Noesis，构造的思维行为）"与"诸耶玛（Noema，思维的内容，即，作为感性统一体的被构造的客体性）"的关系，简称为"意向活动-意向对象之关系"，这种关系并不是仅仅为了解释认识如何得以可能而必须要假定的一种先验认识条件。这一关系毋宁说为自己

什么是现象学？
Was ist Phänomenologie?

开辟了一个全新的"先验经验"①之考察域。为现象学的先验性赋予了一种与客观存在明显不同的真正的存在之身份。由此，对于现象学存在概念的阐明便形成了现象学研究中的一个本几的问题域。

因此，现象学的现象概念是通过一种内在于现象性中的关联结构来得到刻画。这种关联性不是一个必真的断言，而是一个被开拓出来的研究域，对其的分析向我们展示了一个不断被重新重构着的课题。这里还必须提一下现象学的独特风格，现象学要求保证被证之物在被证明过程的每一步中都是持续"可证"。基于此现象学的写作风格可能给人以"循导"式的感觉，这种方式的效用在于让现象学这一课题在能够去接触每一个新构想的同时又能始终持续地回到现象学的课题上去。最后，这还表明了现象学分析所具有的自身反思的维度，在它的分析中，每一次认识的获取都体现着认知者自身所具有的耐心及坦诚的审视目光。

*

本书的任务在于再一次将现象学引导到对认识和存在的诉求中去，引到它们得到精确界定并第一次达到高峰（胡塞尔）的时期。这也呼应了篇首的引语，胡塞尔要求他的读者和同道

---

① 参见《胡塞尔全集》，第8卷，第76和169页，及《笛卡尔式的沉思》第63节。

们将现象学看作"先验观念论"并让其成为各自的"先验基础"。对于这一点在后面的论述中会详细说明,这里仅仅把要点提出来。

另外还要再强调的是:现象学的那一直接对象是意向性,即真正的现象学之关联。但它并不是那种表面的对具体事物和其面对面的意识主体之间关系的描绘,而是一种有待分析的"内在于"每一个现象(亦即意识相关的显现者)中的结构。[1] 在这里至关重要的是一种在视角方向上的转变。胡塞尔通常将这种方向的转变理解和表述为视线的"反转",离开对对象的"沉迷(Verschossenheit)"转向使得对象得以确切显现的意识的构造性之诸成就。不过毕竟这一说法可能会导致误解,让人觉得好像两个相互独立的实体要首先存在着某种关联之后才能被置于对峙的两级。但现象学的关联恰恰不应被如此理解。先验现象学方法的特点正是在于寻求一条不预设前存有(*Vorausbestehen*)和前被给予存在(*Vorgegebensein*)的经验实在主体的意义构造之成就的进路。现象学所有的努力都是为了对意义构造之成就的分析,它形成了"先验经验"之领域并且使得现实现存性、前被给予性和持存性的意义首次变得可理解。正如我

---

[1] 马克·里希尔非常正确地将这一结构(在其特有的现象学的"绝对性特征"中)刻画为"一个不稳定的、无法自我明确定位的边界,超出这一边界之外去使用悬置和还原方法将不会再有经验上有意义的可能性。"马克·里希尔:《形而上学和现象学:现象学人类学导引》(»Métaphysique et phénoménologie: Prolégomènes pour une anthropologie phénoménologique«),载《德法现象学》,埃斯古巴(E.Escoubas)和瓦登菲尔茨(B.Waldenfels)编,巴黎,L'Harmattan出版社,2000年,第106页。

什么是现象学?
Was ist Phänomenologie?

们下面会看到的,胡塞尔将这些努力描述为对先验现象学的挑战,即"凭借自己力量为自身提供[认识-和存在的-]地基"。①因此,需要做的就是将先验-"观念论的"基本态度的诸前提和结果以这样一种方式加诸于现象学:将对本源先验领域的内在反思以及这一先验领域自身都作为现象学的现象加以考察。

*

现象学的立场还可以以另外一种方式来阐明。对此,我通过现象学在当代哲学一个重要讨论中所处的立场来进行说明,确实,通过考察通过对由恩斯特·图根哈特(*Ernst Tugenhat*)发起的著名的讨论可以有助于澄清现象学认识论和本体论方面的含义。

图根哈特这位熟知胡塞尔和海德格尔著作的专家在其《语言分析哲学导论讲座》②中将胡塞尔和海德格尔与语言分析哲学做了出色的比较研究,其基本思想引发了对现象学的批判。这一批判性的阐述指出,现象学仍然受到传统哲学问题的束缚,因为它提出了两个"语义学前设",这两个前设指向有关"作为存在者的存在者"(本体论前设)及"其意识被给予性"(先验前设)的问题。

---

① E.胡塞尔:《欧洲科学危机与先验现象学》,《胡塞尔全集》,VI卷,第185页。
② 恩斯特·图根哈特:《语言分析哲学导论讲座》(*Vorlesungen zur Einführung in die sprachanalytische Philosophie*),美因法兰克福,舒尔坎普出版社,1976年。

这两个前设既一般地影响了传统哲学（如"柏拉图主义"或"概念唯实论"），也特别地影响了现象学。它们在于对以下观点的推断，即名称与事物之间的一般关系为理解任何作为某物——即：为一个对象——的表达的含义提供了一个模板。这一模板不仅适用于专有名词和与对象相关的描述词，尤其也适用于谓词和逻辑连词。而这也表明了一个"表达-含义-表象"的三元式，其中含义被理解为为某物的占位符。因此，图根哈特批判的根本点指向一个一般（所谓现象学）的假定，即（作为本质、本质性、艾多斯的）含义总是被理解为一种对象性——在这个一般框架下，现象学提出了关于（无论如何总是作为对象的）存在者之于意识的可能性的认识论（先验）问题和有关存在者的存在特殊身份的本体论问题。

图根哈特的批判继续。如果上述情况属实，那么就必须承认语言在存在者和意识之间有一种中介作用。然而，相对的，现象学所宣称的——作为一种存在被给予的方式的——意识的原初领域是指向外意识物、外语言物的——这里（正如海德格尔对传统形而上学所宣称的那样）"看"是否优先并不重要。因此，之前提到的两个基本假定——"本体的"和"先验的"——会走到一个语言物（意识相关物）和外语言物（非-意识相关物）的形而上学"断裂（Chorismos）"上，而图根哈特以语言分析的、非-现象学的概念的名义，从根本上拒绝这一断裂。

图根哈特提出他自己的理论模型反对上述"断裂"，该模型

什么是现象学？
Was ist Phänomenologie?

声称能够摒弃对语言外或前语言——胡塞尔明确谈到过"前述谓性（Vorprädikativität）"——的意向性指涉的观点。在某种程度上，他的阐述代表了"第二个维特根斯坦"与弗雷格的结合，至少如他自己所描述的那样。《哲学研究》的著者发展了含义就是语言使用的规则的含义理论。图根哈特将其与（稍早的）由弗雷格在著名文章《含义与指陈》中发展出来的将含义等同于陈述的真值——真之条件的可能证明——的理论相结合。

　　实际上现象学所呈现的情况正好相反，我们可以通过指出图根哈特论证两个部分中的隐含前设或假定来说明。对第一个部分——含义等同于语言使用的规则——的问题在于，这些规则如何才能恰恰是这一含义的规则？这种使用基于什么？这里似乎事先已经有了点什么使含义的使用得以可能。对第二部分——将意义归于真值，图根哈特正好将其视为对上面问题的答案——要指出的是，其所给出的真理概念本身，即所谓的真之"符合论（Korrespondenztheorie）"，是建立在一个从现象学来看有充分理由要避免的前提之上的。这个前提是指毫不怀疑地预设一个客观存在物的必然在先被给予性，让一个表述的真之状况可以与之相符。因此，图根哈特对证明的阐述的这两部分要求的既少又多。过少在于其对"成功的"和合理的语言之使用要通过"什么"得以可能的问题干脆忽略或完全避而不谈，过多则在于对需要首先证明和解释的世界及其中存在者的在先被给予性的形而上学前提的直接预设。对此，现象学的回答是什么？

抛开与客观存在者相关的形而上学前见，那个"什么"是什么？

答案的始点在于对现象学所追求的形而上学无前提性的澄清之中。就是说，不再将本体论之假定视为前提条件。现象学的悬置（Epoché）执行着一种存在论题的设定无效化（Außer-Geltung-Setzung），以便保持必要的本体论开放性和中立性。事情还没有结束。图根哈特的观点在于，正是因为语言使用的规则整体需要一个认识上的奠基，向弗雷格的（建立在真之条件上的）含义理论的回溯才显得必要。对此，从现象学的角度可以做两点批评：第一点如前所述，其观点中隐含的真之符合论并非没有形而上学假定；此外，维式的含义理论完全隐没了本质性的意义内涵。换句话说，只要图根哈特跟随维特根斯坦持彻底的反本质主义立场，他就一定是站在现象学的对立面。不过，如果将现象学视为本质主义，就必须对其"本质"概念有一个准确和忠实的交代。胡塞尔的本质概念不是柏拉图（主义）的。并且，在现象学中，以上论证的两个部分也是颠倒过来的，并以一种根本不同的方式展开。首先关于"真理"的诸条件，现象学所诉求的恰恰不是符合论的真理学说而是先验现象学的框架（在第五章中将会讲到"生产的"真理概念）；然后是对意义（Sinn）和含义（Bedeutung）（在现象学反思下的）的合理把握，而这需要对意义构成的过程性进行根本的分析（第五、六章）。至于恰恰是在语言分析侧所有的本体论前设，其在现象学侧则必须——在确实地完全意识到和意愿下——在先验的可能性联结中，在"先验经验"中被揭示的存在可能性和认识可能性的可能性联结中被取消掉。正如上面指出过的，先验现象学不能以经验-现实存在的存在物（甚至是主体自身！）为前提出发，意义和含义的境况也同理。只要现象学没有完全否认任何前提和前提性，而是以这样一种方式去质询它们，即有关前提性问题的答案只能通过对动态的意义-构成（Sinn-Bildung）的考察来提供（我会在第五章回到这个问题），那么现象学就不是"实在论"。

*

在结束这些介绍性思考之前，现在将提出四个论题，它们可以作为在此为现象学下定义的尝试的操作指南。每个论题的对立观点作为要被拒斥的论题也会一并提出。

第一，双重无前设性论题。现象学可以通过本体论和知识论的（gnoseologisch）无前设性来刻画。"本体论的"无前设性是指——现象学的最小反实在论立场也正意在于此——绝不从任何前被给予存在者出发，无论这种存在者是前存有的、对象性的"自在"存在物还是现实存有的（具体的、经验的）主体。"知识论的"无前设性则在于这样一个事实，现象学中的每一个对于世界或存在者——形而上学抑或自然科学式——的执态（Stellungnahme）都要完全的无效化。

第二，被发生的（genetisiert）被给予性论题。与上面强调的存在者（主体和客体）的绝对的非前被给予性论题相对，现象学着眼于最宽泛意义上可经验的及在其构造意义上呈现出来的被给予性（*Gegebenheit*），因此它既不会提供概念语法式的分析，也不支持逻辑证明式的立场。这个论题与前一个论题是一致的，只要这里所考虑的——即被发生的——被给予性是与任何现实的前被给予性彻底分开的。被给予物因此不是前被给予，因为其本己被给予性只有在现象学的发生过程中才能被阐明和证实。

第三，关联性论题。只有在把前两个论题作为基础的情况下，第三个论题——以现象学的关联为主题的现象学——才能得到理解。关联主义（*Korrelationismus*）不是被形而上学式地预设的（就好像自在物在形而上学实在论特别是独断论中的那样），而是作为被给予物之基本结构首先在现象学的发生化（*Genetisierung*）中显露并在其多样性中被分析出来的。因此，把现象学与所谓的"第一人称视角"的哲学立场相等同是错误的。这个立场认为人不可能从（虚假的）"客观"视角审视存在物，而是必须抱有被预设的主体人称的视角，这违背了现象学的第一个无前设性论题。正如前面短暂提到的，视角的变换并不是指从客体转向主体（或人），而是指从客观主义（*Objektivismus*）转向关联主义，后者强调的是内在于显现者中不可还原的主-客-结构。

第四，理智化（*Intelligibilisierung*）论题。现象学志在对意

039

什么是现象学?
Was ist Phänomenologie?

义的澄清和意义的使可理解化,而非旨在存在者的实证(主义)的规定和单纯逻辑上的认识合理化。为此需要明确,"理智化"概念之于现象学而言首先不是指"解释模型"和"认识辩护",而是"先验的使可理解"(见第四章)。至此现象学是回溯的(regressiv)(但并不排除现象学的建构),而不是前展的(progressiv),就是说,它从被给予的经验出发让其意义和有效性得到理解——这正是(借鉴康德在其《任何一种能够作为科学出现的未来形而上学导论》的说法)现象学的先验主义之所在。所以那种无论如何都要将现象学与自然科学做对比的意图——这必须在最坚决的意义上强调——是特别荒谬的。自然科学诸科学都是个别性的科学,它们在各自的前提框架下扩充知识;相反地,只要现象学还对世界之经验的意义和存在有效性进行追问,那么它就保持着对哲学经典观点的忠诚。

第一部分
关于现象学的方法

第一部分 关于现象学的方法

第一章 现象学的方法

［……］方法的意义首先由问题来确定。[①]

在着手具体实现现象学的"基本理念"的目标之前（这将在第五章才能实现），有必要详细介绍现象学的基本概念——这也意味着介绍它的方法。众所周知的是，现象学首先被理解为一种方法并必被进一步规定为方法一般。[②]下面是几个相应的明证："世纪之交的哲学［……］在对严格的科学方法的斗争中成长出来的一门新的科学［……］，同时也诞生出一种新的哲学研究方法。新的科学称为现象学，因为它或它的新方法是从对之前［……］被实践运用的现象学方法的彻底化中发展而来的。［……］而正是对这种方法论趋向的彻底化［……］同时指明了一个处理哲学特殊原理的新态度和一种新的方法论［……］。"[③]"现象学，如果正确地理解，是一个方法的概念。"[④]"一个根本

[①] 欧根·芬克：《埃德蒙德·胡塞尔现象学的问题》（»Das Problemder Phänomenologie Edmund Husserls«），载《现象学研究》，1930-1939，海牙，M.奈霍夫出版社，1966年，第180页。
[②] 本章第一部分以《现象学的方法》［»Die phänomenologische(n) Methode(n)«］为题发表于《哲学和伦理学教学杂志》（*Zeitschrift für Didaktik der Philosophie und Ethik*，凡妮莎·阿布斯编，2018年，第3期）。
[③] E.胡塞尔：《阿姆斯特丹讲座》（1928年4月），《胡塞尔全集》，第9卷，第302页。
[④] M.海德格尔：《现象学的基本问题》，《海德格尔全集》，第24卷，F. W. V.赫尔曼编，美因法兰克福，克洛斯特曼出版社，1975年，第27页。

什么是现象学？
Was ist Phänomenologie?

观点是：现象学是不关乎哲学命题和真理的系统［……］而是关于哲思的方法，其通过哲学问题而被诉求。"① "现象学不是别的而是从哲学演变而成的一门方法，这门方法［……］描绘的是经验中的'发生'（著名的实事本身），在这一切中，至少在原则上和按照这种方法来说，不存在一个'执态'或形而上学的'致命一跃（saltus mortalis）'。"②为了能介绍这一方法，两个重要的注意事项要事先说明。

第一点，前言中提到，这门方法不能单纯地与它的材料，或者说与它的对象分离。正如伊曼纽尔·列维纳斯先前所意识到的一样——跟随黑格尔对康德做法的批评（至少根据列维纳斯的解释），即把"方法"与"真理"分开的做法——对认识进行根本性合法化的尝试是与在现象学最原初层面对这一合法化的执行一致的。这意味着，方法不能被置之于其指涉的话题内容之外。在最近与海德格尔有关的讨论中这一点又被再次强调。③海德格尔在《现象学的基本问题》中对过于狭义理解的现象学概念有着非常明确的说法：

---

① 阿道夫·莱纳赫（A. Reinach）：《什么是现象学?》（1914年1月），慕尼黑，柯约赛尔出版社，1951年，第21页。
② 马克·里希尔：《形而上学和现象学：现象学人类学导引》，2000年，第115页。
③ 托比亚斯·柯来林（Tobias Keiling）颇为直白但又不失准确地写道："现象学不只是一种宣称遵循某个特定步骤的方法，同时也是一门哲学，它通过达到与其对象的统一和在实事本身中的融合而显得无关紧要。"《存在历史和现象学实在论》（*Seinsgeschichte und phänomenologischer Realismus*），图宾根，摩尔·兹贝克出版社，2015年，第149页。当然，这里"无关紧要"的东西是指方法意义上过于狭义理解的现象学概念。

没有那一个所谓的现象学，如果有，也绝不会是什么哲学技艺。因为本质上所有真正的方法作为一个揭示新事物的路径都就其自身而言始终指向其所揭示的东西。如果一个方法为真并提供了通达对象的入口，那么正是依其行事的进程和揭示的成长之本源性使得被运用的方法必然变得过时。科学和哲学中唯一真确的新东西是真正的追问和与服务于它的诸事物的斗争。①

由于其本质上向所追问对象的消融（Aufgehen），试图预先为具体的现象学工作给出一个（笛卡尔的）"方法谈"是毫无意义的。

其次，这一属性与人们所说的可被称为现象学的基本视域（Grundhorizont）的东西同样密不可分。那什么是"基本视域"？现象学可被理解为——如前所述——"绝对无前设性"。意思是说在现象学中不能对什么应是哲学分析的"实事"和如何合理地研究它做出在先的抉择。尽管如此，哲学的诸分析依然是在一个基本的、先验的和同时特定的本体论框架或"基本视域"中进行。更具体点说就是每一次的分析都被放入了一个意义构成的四个遁点（Fluchtpunkt）②——"先验性""含有意义性"

---

① M. 海德格尔：《现象学的基本问题》，《海德格尔全集》，第24卷，F.W.V. 赫尔曼编，美因法兰克福，克洛斯特曼出版社，第467页。
② "意义构成"概念及其在现象学中的根本性地位将在第四章详细解释和分析。

"本质性"和"关联性"——的结构中。①现象学方法的基本概念与它们紧密相连，因此我们必须首先详细说明。

现象学作为先验哲学。"如果［……］现象学曾被作为现象学哲学的开端和普遍的方法科学，那就意味着，哲学依据其整个系统而言本质上只能是普遍的先验哲学，而且只能在现象学的基底上按照特殊的现象学方法获得最严格的科学形态。"②为了理解现象学是何种意义的先验哲学，就不能仅仅考察胡塞尔，而且必须考察由康德引入被费希特进一步发展的近代先验概念。众所周知，康德在《纯粹理性批判》中将"先验"定义为特定的认识——关于"我们对对象的认知方式，就这种方式应该是先天可能的而言"。③这意味着，只有当我们的经验被追溯到让其可能的［可能性的］诸条件时，才有可能在认识论上指明对所有认识都不可或缺的必然性的规定性。"先验"之于康德是指关于我们经验的可能性条件及由此而来的认识的可能性条件。这些诸可能性条件是先验的，意味着正是因为或只要它们是首先让经验成其为可能的条件，那么它们自身就不能在经验中获取。

古典先验概念的第二个本质内涵——来自费希特——对理

---

① 如刚刚引述海德格尔的话所说的那样，并不存在所谓的"那一个"现象学，由此意义构成的四遁点的基本框架仅适用于所有现有的现象学方案；无论如何，胡塞尔为之提供了某种基本参照，他的后继者们无论是积极地深化还是批判性地超越，都会一直去参考它。
② E. 胡塞尔：《康德和先验哲学的观念》（1924年5月1日），《胡塞尔全集》，第9卷，第230页。
③ 伊曼努尔·康德：《纯粹理性批判》，B版，第25页。

解现象学的先验概念同样重要。下面是一段重要的引文:

>   任何人只要稍加反思都会认识到所有存在都设定了对自身的思维或意识:单纯的存在只是一个整体的一半,另外一半由对存在的意识组成,由此它只是原初的和更高的在非反思和粗浅的思维中被忽略的析取中的一支。绝对统一性在存在中并不比在与其相对的意识中多,其在事物中也并不比在对事物的表象中多[……],绝对统一性〈必须〉在[……]物与对物的表象中的绝对统一性和不可分性之原则中被设定,[……]同时也可以说是它们的析取原则[……]。这就是由康德发现并使他成为先验的-哲学创始人的东西。①

我们暂且不去讨论"纯粹知识"的"统一性"与"析取"这两个概念的来龙去脉,其对费希特本人的意图非常重要。确定的是,康德的"先验"一词经过费希特后被解读为思维和存在及意识和相对于意识的对象的关联。对此显得尤为重要的是,关联不再仅是表象着的意识和被表象对象的指涉,而是如费希特一再强调的,其是"表象"和"事物"分离的基础并使两者相互指涉首次变得可能。

---

① J.G.费希特:《知识学1804²》,《费希特全集》,第二卷8,R.劳斯(R. Lauth)、H.格力文茨斯基(H. Gliwitzky)编(E.福克斯、E.鲁夫、P.K.斯奈德合编),斯图加特-巴特康斯达特,G.霍茨布格出版社,1985年,第13页。

什么是现象学?
Was ist Phänomenologie?

现在,先验主义这一特别的关联和康德赋予其使能的特性之间处于一个特有的紧张关系之中:如果仅仅静态地理解前者,那么使-可能(Möglich-Machen)就很难被解释清楚;但如果后者不应通过经验获取,先验条件如何具备可证实的"客观实在"同样是不可理解的。费希特的解决办法是引入一个新的经验概念,或者说是直观概念:"理智直观",一个"被置入"先验反思中的"眼睛"。当然,从康德的角度是坚决反对这一概念的(尽管他自己对此并没有公开的研究和反思)。胡塞尔则主要基于避免费希特认识论局限的考虑用他的"先验经验"概念取而代之。由此,胡塞尔的术语"先验"代表着一个根本的动机,即"向所有认识构成的最终来源的回问"。[①]在康德那里作为认识规定的"先验",到胡塞尔那里就成了将显现者的意义以真正的经验形式呈现的哲学(先验-现象学的)[②]之内在倾向或动机。而这一点又不能脱离(作为现象学之关联"要素"的)"纯粹意识"——亦即最广泛意义上的"先验主体性"领域——之名,只要意识意向地指向其"超验物(Transzendierendes)"。[③]再重复一遍上面说的现象学的先验概念,胡塞尔保留了康德对使-可能(Möglich-Machen)或使能(Ermöglichen)的理解,不同的

[①] E. 胡塞尔:《欧洲科学的危机与先验现象学》,第100页。在第四章我会详细解释这个定义。
[②] 必须从系统性的层面强调的是,尽管胡塞尔自己从来没有相关的历史考量也没有写明过,他的"纯粹意识"与前面提到的费希特描述的处于意识和与之相关的意识对象的分离这一侧的(所谓的)"绝对统一性"(或早期的表述"绝对自我")是相对应的。
[③] 胡塞尔的"先验(transzendental)"与"超验(Tanszendenz)"紧密相关。

是胡塞尔提出了真正先验现象学的经验概念，并由此开辟出一个无限的现象学的分析领域。

现象学作为意义（Sinn）的哲学。现象学的第二个本质特征在于其意义维度。①现象学根本而言就是——超出具体的语言表述、符号等狭义上的含义解释的——"意义之阐明"，是意义一般的使可理解。它从"有""意义"的假设出发并认为对意义的把握和阐释是有意义的。那么，关于什么的意义？首先要注意避免陷入一个两难的险境中，即要么过于狭隘地诉诸于实证层面上被给予的存在物，要么陷入一个抽象而空泛的"整体意义"或含糊使用的"存在意义"等的理解之中。另外，意义也不宜只从表象的维度将其理解为与作为材料的"现实"存在物相对的心理映象（Abbildung）的要素或形式。"意义"或"含有意义性"的正面规定是什么呢？

意义与本真理解息息相关。只要意义被筹划或概括为每个理解的目标朝向（Woraufhin），那么意义就是我们思维置入到含义域中的［海德格尔会说是因缘联系联系（Bewandtniszusammenhang）］东西——它不仅提供一个方向，而且为每一个方向朝向提供一般性的基础。意义既不描绘"对象"也不描绘对象"被给予存在"的方式，而是描绘出一个"活动空间"或"要素"，在这一空间中或通过这一要素，显现者带着或多或少确定

---

① 胡塞尔表述为"现象〈作为〉被意指和被证实的意义"，《胡塞尔全集》，第1卷，第126页。

什么是现象学？
Was ist Phänomenologie?

的含义而自行展现出来。含义是那一揭示着世界的维度，在其中实在物的最小——但必然的——真之条件得以显现。

此外，意义还赋予思维一种根基性的形式。胡塞尔在《危机》①中把"意义根基"描述为"强有力的结构上的先天"，②并将其作为理解和洞见的基本前提。意义将表达、思维和思维内容连接成为一个理解性的结构性形成物，后者就其自身而言不能满足于一种纯形式化的解释模式。因此，与意义的关系也不能被还原为一种最终只会是兜圈子的抽象-形式化的意指。这也是为什么意义最终确保了——与空洞言说相对的——"理解的达成"。意义为理解的实现做出了决定性的贡献，也正是因为它，理解才能自身实现。意义是在每一个理解行为中自身实现着的、视域性的理解的目标朝向，它为理解提供内容和支撑，让其不至于处于未决状态。困难的地方在于，意义并不作为意识的直接对象呈现，而是必属于先验诸参量（Parameter）之一，而所有参量当然也都在"先验经验"中呈现。③

<u>现象学作为本质科学</u>。胡塞尔将先验性和含有意义性的交点称之为"<u>本质（Wesen）</u>"。④胡塞尔的女弟子赫德维格·康拉德-马齐乌斯（Hedwig Conrad-Martius）对这一"意义"与"本

---

① 《危机》为《欧洲科学的危机与先验现象学》的缩写。——译者注
② 《欧洲科学的危机与先验现象学》，《胡塞尔全集》，第6卷，第380页。
③ 理解概念的重要作用将在接下来的一章深究。
④ 为了精确起见，必须区分"形式-逻辑"之本质（即 Eidē）和"质料"自然之本质（或 Eidē）前者的必然性是决然的，而后者则被标识为一种可被修正的"开放性"。

质"或"艾多斯（在前述的先验框架下）的重叠合理地评价到：

对现象学家而言，世界是被先天的含有意义性所充满着的。"意义"一词在这没有目的论的含义，就好像真实的世界或世界的运转具有最终历史或超历史的意义和意图一样。"意义"等同于"本质"；本质是最后的、质性的、最本己的样式，其为每一个最小和最大的存在组成提供了不可替代和不可再向它物回溯的处所，即意义之处所。①

现象学研究的"对象"，即 "现象"，同时也是哲学科学的"对象"，因为这些"现象"被考察的是其普遍的本质内容。②必须强调的是，现象学不能与心理学，更不能与心理主义［将所有知识都归结为心理行为的嵌入物（Einbettung）中］相混淆。胡塞尔在《逻辑研究（1900／1901）》第一卷中给出了其著名的对心理主义的批判的理由。

胡塞尔的批判主要基于两点：第一点批评了心理主义对行为和认识对象的混淆。所有认识都是在心理行为中进行的。后者是经验的并在时间之中；而认识的（观念）对象（逻辑规律

---

① 赫德维格·康拉德–马齐乌斯：《前言》(»Vorwort«)，载阿道夫·莱纳赫 （A.Reinach），《什么是现象学?》，慕尼黑，柯约赛尔出版社，1951年，第10页。
② 在（也仅止于）这一点上，只要现象学是一门"关于'本质'的科学"，(尽管实际上是个例外）其就具有单一学科的特征。

什么是现象学?
Was ist Phänomenologie?

性及所有意义性一般）相反是在时间之外。后者——如前面导言中提到的——不能被还原到前者上，两者之间有着质的不同。尽管会有两者如何关涉的问题，但如果要以将它们等同为结果来回答，那么知识之原本（Ureigene），即知识是关于普遍物——及对象的本质性（Eidetizität）——这一事实就不再存在了。第二点批评在于指明心理主义的自相矛盾性。如果所有观念性都被归于现实的心理行为，那么所有一般理论的构建也就消失了——因为现实的经验性不是普遍性。而心理主义自身也有作为一种理论的诉求，由此，它同时也解构了自己。

现象学的关联。之前已经提过先验主义下的关联——存在与思维、意识与对象的关系。现在只需将关联概念的真正先验-现象学的含义确定下来。

指涉性具有在先性（Vorgängigkeit）。即其是处于一个对象的，以及一个意识相关的或其他以"我的"的方式而来的判定者（Instanz）就位之前的。通过强调这一点，两种方式从一开始就要杜绝：把对象视为自在存在着的客体，以及把意识当成"容器"一般的东西，对象的各种规定性都可以装进去。指涉性的确是始终在先的，它是最原本的现象学的先天（字面意义而言）——胡塞尔称其为"经验对象与被给予方式的普遍的关联先天"。[1]想要充分理解这一点，需要表明，从根本系统的立场

---

[1] 《欧洲科学的危机与先验现象学》，《胡塞尔全集》，第6卷，第169页，注1。

出发，一个三层性结构必须被置于现象学分析的中心。也只有明确了这三个层次各自涉及的不同关联类型，才能充分理解"普遍的关联先天"，并且让它对我们的研究有用。下面我们就先来看看这一三重、三层抑或三个现象学的"领域"。

第一层并不是真正现象学的。与之相对应的是在"自然态度"下的显现物被看成是自在的存在者。前哲学的意识和自（西方）近代以来的自然科学态度都属于这一层。"自然的数学化"与神学世界观一样都是对一种理论的选择，后者在其他文化地区可能跟在犹太-基督传统地区一样有效。对此当我们（当然是在完全没有深思熟虑的情况下）谈论"关联"时，只能从最广泛［特别是自笛卡尔引入"我思（Cogito）"之后］的认识主体和客体相互联系的意义上来把握它，但这并不意味着前者在所有情况下都具有特定的认识功能。关联的第一层意义的最显著特征在于内在于自然态度中的客体化倾向。

第二层通常被看成是真正的现象学研究领域，即通过悬置和还原后而获得的无限的"先验主体性"之领域。在这一层的关联被胡塞尔称为"意向行为-意向对象（noetisch-noematisch）的关系"。其特别地包括诸意向对象（Noemata）的意义内容及它们的意识诸相关项（Noesen）。胡塞尔最著名的分析，比如对超验（transzendent）对象的感知是侧显（Abschattung）连续的，就属于这一层，也可以说成是"内在意识"之领域。

最终的第三层是"前内在"或"前现象"的意识领域。这

什么是现象学？
Was ist Phänomenologie?

是从胡塞尔对时间的分析中明确发展出来的，它的重要性贯穿整个现象学。[1]在这一层中的东西从很多角度看都不再是"意识"。并且由于意识的消失，也不能再说什么意识的内在物。进而"前现象性（Präphänomenalität）"或"前内在"在这代表一种彻底的"匿名性（Anonymität）"[一些现象学家比如雅恩·帕托什卡对此引入"非主体（asubjektiv）现象学"概念]。多亏了现象学的建构（Konstruktion）（见下）这一层领域得以摆脱以主体为导向的构造之成就；同时"对象性"也不再是被预设的或必被预设的存在者，而仅仅是先行的前意向指涉性的"两级性（Polarität）"。前现象的或前内在的关联无论如何也是被给予。因此，我们就需要一种新形式的现象学还原[常被称为"先验归纳［诱发］（Induktion）[2]"，但这方面的工作胡塞尔并没有完成。

有了上面三层现象学领域，现象学方法的主轴可以以逆向的顺序呈现和发展，它们依次是悬置（*Epoché*）和还原（*Reduktion*）、本质变更（*Eidetische Variation*）、现象学的描述（*Deskription*）和现象学建构（*Konstruktion*）。

悬置和还原。现象学研究起点的必要之方式是现象学的"悬置"。"必要"是因为只有如此才能最彻底地解决"无前设性"的要求。从与导论中提到的现象学的第一个论题不同的方

---

[1] 可特别注意《胡塞尔全集》第10卷，第53、第54号文章和第33卷第1篇文章。
[2] 本书最后三章会讲到。

式来说，"绝对的"或"形而上学"的无前设性是指在哲学的分析中，哲学家无论从认识论的还是本体论的立场在面对其对象时都不能"作出"任何在先的决断。在未经过以最终基础为目的的研究的批判性考察之前，何物"存在"、何"为真"等问题都不允许被事先定夺。在各种形而上学前设或前决断中有一个假设——同时从本体论和认识论两方面而言都——享有优先性，即对一个作为存在者之整体的世界之存在的前设。根据这个前设，存在者是"自在"地被给予的，其存在不依赖于任何对"世界之在"的指涉性，其也处于在这种指涉性之外。对此假定胡塞尔使用了方法论的基本手段"悬置"，同时也可称为对所有"存在设定"的"中止（Ausschaltung）"或"置入括号（In-Klammern-Setzung）"中。现象学研究要做的第一步就是将那些假定坚实的自在存在置于本体论的未决状态（Schwebezustand），以便无前见性地通达显现者之路得以可能。对于他而言，"未决（Schwebe）"状态的揭示与第二步——即认识到这种彻底地将所有存在设定置于括号中的做法同时也开启了一个本源的指涉性视角——是不可分的。第二步就是现象学的还原。"还原（reductio）"必须理解成"再指向（reconductio）"，一种（向由先验的①指涉性所揭示出来的超验物的）回引（Zurückführung）。但在一个一般的现象学框架下不会去明确指涉性的"对立两极"

---

① "还原"还可以理解为一种回引到先验性或对先验性的揭示，这起到一种弥补康德的先验主义中所缺乏方法论桥梁的作用。

055

其各自的存在要以什么样的方式来理解。胡塞尔优先强调"意向性意识";其他人如海德格尔对本源指涉性的理解则较少联系到意识而是较多联系到本体论的方面。当然,内容方面的考虑是第二位的,对关联性的回引始终要优先考虑(这也就意味着,对与客体相关项相对的任何形式的"主体"判定者的确切规定是现象学研究的基本任务之一)。在现象学中,笛卡尔非常重要的一个洞见被提升到反思性更高的(非单纯的唯我)层次。笛卡尔从他彻底的怀疑中得出"自我(我思)"是确定知识的"基础不变者"(不可动摇的根基);而现象学则严格遵守存在论题的悬搁——以一种平行但彻底的方式——向本源指涉性回引。

事实上胡塞尔自己并没有从始至终地做出以上两种区分,即作为存在中止的悬置和作为向揭示每一个存在意义的首要本源之指涉性回引的还原。是帕托什卡明确将其提出,以便从含义内容上和术语上将这一区分确定下来,胡塞尔对两者经常是不做区分的。

最近马克·里希尔对悬置和还原的关系做了有趣和值得注意的扩展和深化。对他而言,两个概念从系统性层面看比在胡塞尔和帕托什卡那联系地更为紧密。里希尔认为,通过还原确定下来的东西正是通过悬置解放出来的东西。悬置不是指中止行为的纯粹否定,而是一种特殊形式的揭示。相对于"实在"对象性表面上的固定性,悬置所揭示的是"流动的"意义维度。还原深化了一种特殊的与"超越(Jenseits)"对立的"之下

(Diesseits)"，其在流动的揭示<行为>中被建立起来，[①]还原也在其他一切变得消散和破碎至无穷的地方，让一种特殊的"肯定性（Positivität）"得以显露。（先验现象学的）"肯定性"概念的引入解释了悬置和还原的紧密关系：悬置"超出（transzendieren）"肯定性之外，以便凸显那些使得肯定性"摇摆""震动"和"闪烁"的东西，还原则负责肯定性自身［绝非实在对象的，而是真正"现象学"的肯定性，海德格尔称为"不可显者（Unscheinbare）"］，可以这么来说，以便让之下域，也正是现象学的领域能够通达。

本质变更（*Die eidetische Variation*）。如果从胡塞尔的心理主义批判出发，现象学不关乎心理-实在之物，而是必须或能够体现现象学研究的每种形式的"本质性"［或"艾多斯性（Eidetizität）"］，那么后者的清晰性就必须得到阐明。为此胡塞尔发展了他独特的方法。这一方法的特殊性在于其并不需要每一次都被明确意识到地使用，而是仅在现象学的分析中隐蔽地发挥其效用（当然如有必要，其也可以随时被指明）。

关于艾多斯的规定性和组成艾多斯一般基础的本质变更有两点是决定性的。为了能够在分两步解释的第二步说明艾多斯的本性，我们需要首先对本质变更的方法论框架做一个介绍。

[①] 在这里——及接下来所有地方——必须强调的是，"之下（Diesseits）"并不关乎主体侧维度，而是指所有那些先于主-客-分离（*Subjekt-Objekt-Spaltung VORAUSLIEGT*）的维度。"之下性"并不是一种主体主义的言语，而是从一开始就匿名地居于前客体和前主体现象学的研究域中。

什么是现象学？
Was ist Phänomenologie?

在每一个现象学的案例中揭示出要分析的东西的本质特征时，我们不可能简单地假设相应的现象并纯粹描述性地和直接地指出其本质。艾多斯性只有当其在经过"范本（Vorbild）"和"摹本（Nachbild）"之动态效用的分析后才能得到阐明。胡塞尔将这种动态称为"任意一个被经验的和被想象的对象性构形（Gestaltung）而成的变项（Variant）"，"〈对象性〉构形而成的指引性［……］'范本'之形式"，一个"无穷开放①的变项之多样性（Mannigfaltigkeit）的起始元，简言之，变更（Variation）"。②这种动态过程——显然不是从外部运用的，而是内在自发构形的过程——被这样一个事实证明着：艾多斯的必然性特征不能仅仅被断言式地陈述清楚，因为从单纯的陈述中得不出任何必然性。胡塞尔将其现象学方法论的基本步骤称为"本质变更"，以下几点［连同"观念化（Ideation）"和"观念的看（Ideenschau）"］一道构成了其主要方面：

1.从"范本"出发，通过想象诸成就"获取""摹本"。"获取"处于主动的生成和被动的观视之间显著的紧张关系之中——真正的想象诸成就正在于此张力之中［让人联想到费希特的"未决的"幻想力（Einbildungskraft）］。

2.据此，非变项（Invariante）在变更中必然地（在后面会

---

① 这也表明了为什么必须被理解为"开放"和"无穷"本质的艾多斯［拉斯洛·藤勒伊：《世界与无穷性》（*Welt und Unendlichkeit*），弗莱堡／慕尼黑，阿贝尔出版社，2014年，第545页］要与经典柏拉图主义的相—概念（Eidos-Konzeption）区别。下面会细讲。
② E.胡塞尔：《现象学的心理学》，《胡塞尔全集》，第9卷，第76页。

058

有更多解释）要经过各种变项。在这里应用的方法，胡塞尔也称之为"观念化"。它本质上包含了"观念地看"，不过需要强调，其并不是一种无关紧要、仅仅是被动觉知（Vernehmen）的过程。

3.以上过程中有两种关联关系在起作用。首先被获取的本质是建立在对任意一个事实（Faktum）的变更之上的，任意性在这是保证对艾多斯之本质性观视的绝对前提——因为如果没有它，[1]那么艾多斯就得和事实的实是性（Faktizität）绑定在一起了。因此我们就有了第一个基本的关联关系，[2]即变项与非变项或事实与艾多斯的关联。这种关联并不是指艾多斯对任意一个实在经验的实是性有本体论意义上（见下）的依赖。胡塞尔本质变更理论里很微妙的一点在于他指出了一种"实是性"，其只要真正地属于现象学领域，就必须和任何实在存在者的前被给予性相区别。与第一个关联关系联系紧密的另外一种关联关系，即统一性（Einheit）与（开放的）多样性。其特点可描述为一种"交叠的相合（überschiebende Deckung）"。当然这里统一性与多样性之间也不是静态地相对立，相反，两者以动态的方式融入到一个"综合统一"之中，在其中变项作为（在开放的多样性中的）变项出现，同等物（Kongruierende）则作为

---

[1] 除了这一根本点外，任意性还表明在变更中把握非变项并不以所有无限的变项的实际产出为前提。
[2] E.胡塞尔:《现象学的心理学》,《胡塞尔全集》,第9卷,第75页第22行。

（统一性的）自同物（*Selbiges*）呈现。在这里，对多样性的意识和保持是"获取"艾多斯的前提，就好像在异己感知中，对他人的知觉只有以本己切身性意识为基础才得以可能。因此，在这两种关联状况中，艾多斯的可能获取都建基于艾多斯的相关项之上——无论这一相关项是事实抑或多样性。

4.至此，艾多斯的状况就可以完全确定了。艾多斯不是一个普遍概念而是"必然性之法则"。[1]其不仅是指必然性的内在法则性，也是指法则的必然性之特性。由此也可以说，观念化不能被归于一种对概念的抽象化（*Begriffsabstraktion*）。其中的差别在于，概念抽象化是将静态的普遍概念从前被给予的个体实在物中剥离出来（之后实在之物便失去其利用价值），而本质变更却是将必然性带入到范本的偶在之中[2]（这当然让人联想到康德的认识论规定，"对物我们只能先天地认识那些我们置于其中的东西"。[3]胡塞尔的艾多斯的不同之处在于，其并不仅限于认识论的效用）。无论如何本质变更不能与这样一种行为相混淆，好像它从前给定之物出发提取出一个一般的属性，并抽象地让之与实在个别物处于相对立的位置。本质变更的特点在于

---

[1] E.胡塞尔：《现象学的心理学》，《胡塞尔全集》，第9卷，第76页。
[2] 可参见托马斯·阿诺德（Thomas Arnold）：《作为柏拉图主义的现象学：胡塞尔哲学中的柏拉图式的本质诸要素》（*Phänomenologie als Platonismus: Zu den Platonischen Wesensmomenten der Philosophie Edmund Husserls*），柏林，德格鲁伊出版社，2017年，章节E，特别参见第260-264页
[3] 伊曼努尔·康德：《纯粹理性批判》，B版，第XVIII页。

其是动态的，而这对于理解现象学的必然性之状况有着决定性作用。

所以，艾多斯不能被理解为与杂多的个别事物相对的（概念）统一物——尽管其确实让自己"个别化（vereinzelt）"了。一个独立出来的理念统一体曾经（及当下也）符合将本质看作普遍物的经典解释，但这不是现象学理解下的艾多斯。要想充分理解后者，首先必须认识到无穷的变更在其中所起到的"基底"[①]作用。如前所讲，变更并非好像为了获取艾多斯而由现象学家们从外部运用的一种方法，变更是一种艾多斯-内嵌（eidos-inhärent）的方法论进程，其为艾多斯与普遍概念相区别提供了条件。普遍物只能以如此理解的艾多斯为基础才能获得。确切地说，只要普遍物是之于杂多个体的普遍，那么在每一个普遍物中都有艾多斯的存在。简单说，艾多斯不是普遍物，而是介于多样个体与普遍物之间让两者相互联系的第三个概念。——对此也算补完了对上述双重关联的说明。

5. 胡塞尔在他《经验与判断》的第二章第三节中对上一点也有详细的论述。[②]他以另外一种方式论述了为什么不可还原的范本之任意性（偶然性）必须与这样一个事实一同思考，即作为所有个别客体性"必然和普遍形式"的"非变项"——必然的统一——贯穿于"诸模仿形态"的多样性中。他赋予"目光

[①] E. 胡塞尔：《现象学的心理学》，《胡塞尔全集》，第9卷，第79页。
[②] 从下面几段引文可以看出，类似的说明也出现在胡塞尔1925年的讲座中。

什么是现象学？
Was ist Phänomenologie?

（Blick）"，即理念地看（Ideenschau）以特殊的作用，通过它普遍本质得以被给予。其"自身表明了它是这样一种东西，没有了它，这一类型的对象就无法被设想，即如果没有了它，这一类型的对象就不能直观地被作为这一类型的对象来想象。这个普遍本质就是艾多斯，柏拉图意义上的理念，但要从纯粹的意义上来把握，摆脱所有形而上学的解释，精确地讲，就像在与以上方式相应的理念的看中直接直觉地成为我们的被给予性一样"。①范本的任意性②之于本质和事实性（Faktualität）（前面讲的第一种关联关系）的区别和其之于"'开放无穷的'多样性"③的被给予性一样是不可或缺的。但同时这样一种观念统一也被给予，其可能性条件现在也必须被探明。④

现在再来看，本质，或艾多斯是如何构成的？胡塞尔重申，本质是建立"在变更借助于现实地出现在直观中的变项而自行构造的开放过程的基础之上"⑤的。对此有两点要说明。第一，在变项中起主导的是"纯想象"⑥。第二，作为基础的想象并不指向事实／艾多斯、个体／一般本质性的两重性，而是一个三重性，即超出两个概念之外，胡塞尔还指出了第三个"综合统

---

① E.胡塞尔：《经验与判断》，汉堡，迈纳出版社，1985年，第411页。
② 胡塞尔在接下来的第87节a、b两小节中强调"变项"的任意性也是一种"变更"。
③ 《经验与判断》，第413页。
④ 范本的任意性之于（……）的不可或缺性本身作为一个状况也是一个要被研究的观念统一性对象。——译者注
⑤ E.胡塞尔：《经验与判断》，汉堡，迈纳出版社，1985年，第413页。
⑥ 同上。

"一"概念：

在这种从摹本向摹本，从相似物到相似物的过渡中，所有那些相继出现的任意个别性都将达到交叠的相合并纯粹被动地进入一种综合的统一。在其中所有个别性都显现为相互间的变形，然后又进一步发展为个别性的任意后续，同一个普遍性作为艾多斯就在其中自身个别化。只有在这种相序而进的交叠中，一个自同物（Selbiges），一个在这时从自身被看出来的东西才能是相合的。也就是说，这个自同物是本身被动的在先被构造的，并且对艾多斯的直观就建基于对诸在先被构造物的主动直观把握之上［……］。①

第三个概念，即"自同物"，或"综合统一"是被动地在先被构造的。对被动构造物的澄清要依赖于另一个重要的概念，得益于《经验与判断》对1925年讲座所做的清楚化和精确化的工作。

［……］那些在作为冲突中的统一体被直观到的东西，都不是个体，而是那些相互取消，在共存性上互相排斥的诸个体的一种具体的混合统一（Zwittereinheit）：一个特别的意识伴随着

---

① E. 胡塞尔：《经验与判断》，汉堡，迈纳出版社，1985年，第414页。

什么是现象学?
Was ist Phänomenologie?

一个特别的具体内容,其相关项是一种在冲突中、在不相容性中的具体统一。①

这种"混合统一"正是艾多斯将普遍物和多样诸个别物连接起来的一环。这样,这里有三个概念同时在一种变动的关系中相互起作用:普遍物,多样诸个别物和"混合统一[物]"——一种"相合(Kongruenz)"和"差异(Differenz)"②的统一及从内构造出艾多斯。

6. 如果艾多斯确实不是那些与实在之个别承载物相对立的实在之普遍性规定,而是纯粹的、任意的想象可能性,那么,依据胡塞尔的观点,这也意味着艾多斯与前被给予的现实性(Wirklichkeit)的联系将被切断。本质变更——接着前面的第三点——因此所具有的本体论牵连就是:本质变更所允许的现象学领域(这个领域通过悬置与所有前被给予的存在脱钩)的本体论解释是,与其相关的存在概念不预设现实的存在。

7. 最后,艾多斯"摆脱了所有形而上学解释"③,因而不是柏拉图主义的"理念(Idee)"。"柏拉图主义"在这是指其将理念视为自成一类的从经验实在存在中抽象而来的存在形式。胡塞尔反对将其作为艾多斯的真正存在样式。但不能改变的事实

---

① E. 胡塞尔:《经验与判断》,汉堡,迈纳出版社,1985年,第417页。
② 同上,第418页。
③ E. 胡塞尔:《现象学的心理学》,《胡塞尔全集》,第9卷,第73页;E. 胡塞尔:《经验与判断》,汉堡,迈纳出版社,1985年,第411页。

是，胡塞尔对"艾多斯"的界定与柏拉图（必须与柏拉图主义严格区别）的"理念"或"艾多斯"是一致的。

现象学的描述（Deskription）。在解释现象学的操作方式时胡塞尔多次强调现象学是描述性的。现象学的描述有什么特别，要如何与日常的理解相区别？

不同首先在于现象学所具有的批判性视角。现象学是对所有形式的素朴性（Naivität）的最敏锐的猎人——的确，现象学揭示出许多形式的素朴性。最底层的素朴性是对被给予的自在存在之存在者的信念，通过悬置它已经被揭露出来并克服。现象学因此必须将自己限定在对现象的显现者的意向性分析中，对其进行"本质描述"。首先是"素朴"地执行（胡塞尔将第一阶段称为"素朴-直向的现象学"[①]），然后导向进阶的"理论和现象学之理性的批判"[②]，其通过"更高阶的描述"得以补完，由此素朴性也完全得到克服。那些处于第一阶段的现象学描述的"素朴性"胡塞尔称为"先验素朴性"。[③]其属于那些在经过决然性批判之前的无穷的"先验主体性"的研究域，即处于那些"由绝对的和全面的辩护而来"[④]的认识之前。这种素朴性与那种在自然的，"直向的（gradehin）"态度下的素朴性不同，后者迷失在其预设的自在存在的对象之中。

[①] E.胡塞尔：《第一哲学（第二部分）》，《胡塞尔全集》，第8卷，附录第29（1923），第478页。
[②] 同上。
[③] E.胡塞尔：《第一哲学（第二部分）》，《胡塞尔全集》，第8卷，第170页
[④] 同上，第171页。

什么是现象学?
Was ist Phänomenologie?

现在,要如何通过从一个阶段向另外一个阶段的过渡来揭示素朴性?

现象学描述之特征的第一个重要的点在于一个事实,其对隐蔽地存在于每一个意向指涉之中的意向诸蕴含(Implikationen)的指明。意向性分析是从现时的(aktuell)意向性意识出发。但每个现时性(Aktuelität)都蕴含着其诸潜在性(Protentialitäten)。每个当下的被给予性或者"在场(Präsenz)"同时意味着诸视域性(Horizontalitäten)的共当下性(Mitgegenwärtigkeit)或"共在"也一并被给予,即便是未能明确地被意指。这些视域性相较于现时的在场是"盈余的":共在本质上超出现时被给予物之外。不过,共当下的视域并非"空洞的诸可能性",而是其已经规定了被实现了的和将被实现的诸可能性。胡塞尔称之为"我能"或"我做"的"诸潜在性"。没有意向性的意指可以脱离这些潜在性,每一个意向性指涉都始终蕴含着一个具有诸潜在性的视域。

此外,诸意识对象不是从意识之外进到意识之中的,而是"作为意义",即作为"意识综合的意向性之成就"被包含在意识之中。意向对象不能被一劳永逸地表象为某个被给予物,它只能通过现时的和潜在的,同时也是——隶属于先验主体性的——在每一种情况下保持开放的视域的使明确化(Explizit-Machung)而被表明。视域的意向性的确是意向对象的意义构造的本质要素,因为意义从来不是完整的,而总是"隐蔽地"被指向,这就使得它必须在其他意向体验中展开。现象学的描述因此揭示出诸多意向性的蕴含，现象学必须在意向性之诸成就的意义分析中对其进行说明。

至此就是直观（或直观的明见性）的核心意义——诸潜在性的含有视域性以及其中所包含的对意义和本质的描述，后两者构成了现象学描述的第三个决定性方面。[①]现象学的描述要有效，被描述之物就必须在明见的直观中被给予。对胡塞尔而言，分析不仅意味着对对象的"看"，也意味着直观具有证明性的特征并赋予分析以明见性。在此，胡塞尔依据的是他在《观念Ⅰ》第24节中给出的"所有原则的原则"。这个原则主要是说每一个与我们认识相关的"实事"都必须被证明，即"每一个原初被给予的直观"都是"认识的合法性来源"[②]。

现象学建构。现象学作为一种先验哲学最显著和最终的表现形式在其先验维度上的方法的使用中还展示出了建构的层面。只有如此先验之批判才能完成，"先验素朴性"的残余才能被清除。为此，即便是"所有原则的原则"也必须有所扩展，不然也会成疑。[③]

[①] 芬克甚至认为明见性是"胡塞尔现象学问题的中心议题"，《埃德蒙德·胡塞尔现象学的问题》，第202页。
[②] E.胡塞尔：《纯粹现象学和现象学哲学的观念》，1913年，《胡塞尔全集》，第3卷第1本，第51页。我会在第三章中详细解释"所有原则的原则"。
[③] 见第四章。

什么是现象学？
Was ist Phänomenologie?

将现象学描述及现象还原确定为"现象学的基本方法"[①]并不是说由此就将现象学的方法限定在对先验主体性的经验领域的发掘（Freilegung）和与之相应的意向蕴含之中。"发掘"概念隐秘地表明了现象学方法的基本特征。但胡塞尔直到1920年（生涯后期）才完全意识到这一概念。进一步讲，即便现象学（在本质框架下）的描述性分析之于"诸意识内在"中的"实项-内在（reell-immanent）"的产生会有帮助甚至是必须的，当要下沉到最终之本源构造的诸现象层面时，描述性分析还是不够的。先验主体性领域不是简单地"被给予""在场的"和"当下的"，以至描述可以充分揭示其结构成分（即便这些成分仅仅是不明显地可被描述物），相反，先验主体域的各结构成分被一些遮蔽物所掩盖着，它们必须通过"解构（dekonstruktiv）"工作来去除。胡塞尔将其称为"拆解还原（Abbaureduktion）"。[②]与之相应的是一种肯定的对立组块，即现象学的"建构"。但这种建构既不是形而上学式的，也不是假定-演绎式的，同时也不只揭示出经验之"可能性条件"，而毋宁说是将研究的每一个对象都置于现象的被给予物和现象学的必被建构物的张力之下，

[①] E.胡塞尔：《笛卡尔式的沉思》，《胡塞尔全集》，第1卷，第61页。
[②] 胡塞尔在《笛卡尔式的沉思》第五沉思第44节中所提到的"原真还原（primordinale Reduktion）"是"拆解还原"的一个很好的例子。还可参见C手稿17，载《C手稿-有关时间构造的后期文本（1929-1934）》，《胡塞尔全集资料篇》第八卷，D.洛马（编），施普林格，2006年，第394页。

后者通过"建构的直观"①在之前提到的"先验经验"之中得到保证。这并不仅仅意味着，像在德国古典哲学的第一批代表人物那里那样，存在着先验的实际经验，而且意味着，在现象学中所讲到的经验自身指明了先验的诸结构。

当现象学描述到达其边界时，当直观的明见性不能在不同的事实显现着的"边界诸事实"之间形成决–定（Ent-scheid-ung）时，现象学的建构就会变得必要。举两个例子来说明：本源的时间性是"客观的"还是"主观的"？抑或属于"前客观"还是"前主观"的维度？另一个问题：现象学自我是唯我论的（solipsistisch）还是本我论的（egologisch）？又或者是交互主体间构造的？只有对本源构造性诸现象进行建构性分析才能将光亮带入黑暗之中。现象学的建构行为是指一种在边界事实的之字形（Zickzack）运动，以便可以下沉到一个有待建构的、能够解释那些边界事实的维度。建构在这一维度中必须始终保持与那些事实的相关，并且这种建构绝非是一种虚构，而是始终紧扣那些有待被建构之物。这样胡塞尔与康德式的先验观念论的区别也应明了：前者因为现象学建构的方法而致力于让认识合法化，且在建构的现象学中，现象概念与认识合法化及认识之辩护都必须被放在一起来思考。②

---

① 欧根·芬克：《现象学工作坊》（Phänomenologische Werkstatt），卷1，《博士论文和作为胡塞尔助手的第一年》，R.布鲁齐纳编，弗莱堡/慕尼黑，阿贝尔出版社，2006年，第259页。
② 关于"现象学建构"的进一步说明可参见我的《现实性之象》（Wirklichkeitsbilder），图宾根，摩尔·兹贝克出版社，2015年，第37页。本书第三章也会进一步深化这一概念。

069

什么是现象学？
Was ist Phänomenologie?

以上就是现象学方法中的经典概念，胡塞尔在他的诸纲领性的著作中介绍和发展了其不同要点。接下来将要表明这些方法概念都有其局限。胡塞尔对此一方面有所认识（见第四章），另一方面，他也已经对之做了一定深化，但其中一些内容已经超出了他自己的解释范围（同样见第四章，还有特别注意第五、第六章）。胡塞尔式的现象学与海德格尔式的解释学的关系因为篇幅限制不能在这里详细介绍——有一个重要例外：理解概念的本质和状况。这是下一章主要讨论的内容，以便在第四章谈到胡塞尔最后一部关于先验现象学的纲领性著作时可以用到此概念。

第二章 理解理论的现象学诸方法

如果把胡塞尔和海德格尔看成是现象学的"奠基人"[1]，并且认为他们对现象学方法的塑造起到了决定性的影响，那么就必须注意他们之间的不同和差异。他们一个是作为意向分析家的胡塞尔，一个是作为此在（或存在和存在历史）分析家的海德格尔。这里的主要问题在于我们要如何理解胡塞尔先验现象学的方法——现象学作为"严格的科学"和以彻底的认识合法性为目的，能与海德格尔的解释学方法——认识问题隶属于存在追问相共存。在第四章中我会表明，胡塞尔关于"认识"和"理解"之状况的立场在其晚期著作《危机》的论述要比其早期的观点与海德格尔更为接近，并且，如前面所说，这些论述之于先验现象学而言也有着重大意义。因此，为了具体地区分两者，现象学的方法必须要扩展到理解概念上。进而，本章的思考将试图提供一些之于理解［概念］的现象学理论的方法，关于它们的见解对随后处理的问题也很重要。

何谓"理解"？

"理解（verstehen）"和"'获得'理解"从一开始就彰显

---

[1] 伽达默尔在20世纪20年代初曾听胡塞尔说"现象学就是我和海德格尔"，汉斯·G.伽达默尔：《海德格尔75岁（1964）》，载《海德格尔全集》，第3卷，图宾根，摩尔·兹贝克出版社，1987年，第188页。

什么是现象学？
Was ist Phänomenologie?

出一种特殊的紧张关系，一方是从"我"，从我"自身"，另一方是"他者"，"立于"我面前的某人及某物。"理解"不能被看作一个私人的事件，好像只发生在我们每个人的头脑之中，"理解"必须是"自身"与"他者"的相遇。对于这种自身与他者关涉所具有的充分合理性是需要我们证明的，这种合理性并不是为了强调我–你–关系，而是指由此带出的"他者性"的原初形象及揭示出的其在理解过程中所具有的作用。

这种紧张关系并不是唯一的。我们可以从胡塞尔（《危机》）中的一段话来看，"一切自然的明见性，所有客观科学（形式科学和数学也不例外），[……]都[属于'不言而喻自明性（*Selbstverständlichkeit*）'的领域，但其事实上都具有不可理解性（*Unverständlichkeit*）的背景"[①]。由此我们看到还应有第二层的紧张关系，即关于在理解概念中的条件关系，之于"自–明之物（*Selbst*-Verständlichen）"和否定形式的"不可理解之物（Unverständlichen）"之间。同时要注意到这（即便意义有所不同）也与"自身（Selbst）"有关。

在解释学对理解问题进行了长达数十年的讨论之后，我们继续讨论它依然是有意义的，对此我们可以从两方面进行说明。一方面是一直存在的，它们并不总是足够清楚地说明，什么是对它们的知识主张的公正对待，以及是什么让对其知识主张的

---

① E.胡塞尔：《欧洲科学危机与先验现象学》，《胡塞尔全集》，第6卷，第192页。

合理理解得以明了。但这两点都是绝对根本的，我们因此从一开始就会遇到根本性问题：但凡在精神或文化科学领域不想只是泛泛而论，而是想要有所建树，对我们的知识体系有所扩展，那么就必须将我们的（具有"真理"诉求形式的）断言与那些不可明辨的论述和"谬误"区别开来。为了达成此目的我们不能基于某种被确证的"后结构主义""后现代主义"的认知模式而认为于一种对知识的整体诉求（及对此的相应理解）不会再被实现。因为他们的洞见也是在让一种知识主张——例如对形而上学"宏大叙事"的反对（利奥塔批判的"grands récits"）——得以成立。从现象学的角度出发，我们应该呼吁人文和一般文化科学，再一次从整体上去追问知识和理解的意义和可能性，因为我们不能在话语的嘈杂中迷失方向，而是要确立一个——尽管可能是脆弱的——论题域，在其中一个批判性的、思维性的态度才有可能产生。

以上任务也需要在哲学内部来完成。对于"先验"视角的概念，即再次追问认识可能性条件的视角，人们的保留意见仍然非常强烈——因为，先验视角通常假设，认识可能性问题只能以其曾经的先验哲学的经典模式的方式来回答：通过一个诉求最终奠基的先验"主体"并因此从属于某种权力范式，而对新进心理学、社会学、人类学等（它们长期以来都拒绝这样一种奠基诉求）的任何成果，它［"主体"］既听不到也看不到。可是，目前，"理解"显然（还）不是知道（Erkennen）。这也

什么是现象学？
Was ist Phänomenologie?

是为什么在这里我们应该正好反过来问，知识的条件，是不是只要不与自然科学（尤其是数学化的自然科学）的可能性条件相吻合，它就不在能够澄明真正哲学知识之状况的理解视野之下。

现在，我们再一次问，什么是"理解"？这个词对于一门在现象学之前就已存在（但从现象学那里获得了重要和全新推动力）的学科，即"解释学"来说，具有至关重要的意义。解释学20世纪的重要代表汉斯-格奥尔格·伽达默尔的著名建议是，理解不能被归于任何具体的方法。接下来的工作将会注重理解-概念的真正现象学的含义，但其方法论的维度也是要着重强调的。首先，理解在最深一层的意义上有两点错误应该（也可以）事先避免：一是不能把理解与知识一道看作同一枚硬币的正反两面，前者指主体-心理面，后者指客体-科学面；二是理解也不是对任何先存有和先预设存在物的一种"贴近（Angleichen）"方式。下面我们可以开始尝试解释理解概念，首先第一步是汲取现存的哲学理论，并藉此指出关于理解概念的两个方面。我们对于它们也许并不陌生，但这两个方面之间的综合一统性并未得到充分的发展。在现存的哲学理论中，有两位在近两百年哲学史中对于理解概念发展出最有趣理论的哲学家，他们分别是费希特和海德格尔。基于内容上的考量，我对他们的论述顺序与实际历史先后相反。

首先我们来回忆一下海德格尔的理解-把握（Verstehens-

Ausffassung），正如人们经常能意识到的，这个概念通常是指对文本的理解，但并不仅仅止于此。当我们有所理解时，并不是指被理解的东西从外部放入我们的脑中，我们只是被动的接受。相反，"理解"带入了一种意识活动，其要求理解者相对于待被理解物采取一种主动姿态（Sich-Halten）。而这可能在"无意识"的状态下发生，因为我们可能沉浸在待被理解之物之中，注意力没有在理解活动本身上。下面我们就来看一看这里所发生的是一种什么样的意识成就。

  这种指向被理解物的——以某种意义上主动的——姿态是什么呢？让我们以一个非常简单的例子来说明，比如一个以书面或口头形式被表达的思想，它经过几个步骤逐渐展开。建立在被理解的文本或话语基础上的理解本质上是一种"筹划（Ent-werfen）"。海德格尔将这种筹划称为"朝向意义的自-筹划（Sich-Entwerfen）"。这里的每一个词都需要详加解释。

  首要问题是，在对文本的阅读和被表述出的思想的接受中，是何物被理解，并且理解是如何发生的。难点在于，知觉检验在这没有效用。理解行为不是单单针对某个词或某个音的"理解"，而是总是对其所指向的意义的理解。这就要意义筹划发挥作用，其作为一种最重要的能力，对感性诸能指（Signifikanten）予以"意义"充实。值得关注的两点是：一是能指居然有可能

什么是现象学?
Was ist Phänomenologie?

与所指（Signifikat）[1]相关联，这本身就很不可思议；二是更特别的是，能指还能具有某一个特定的意义，从而可以与其他含义或意义相区别。

关键问题是这是如何发生的？海德格尔认为理解过程是理解者通过感性觉知（Vernehmen）的指引或引发而筹划出一种理解假定，这种假定随后被筹划到一个不可见的"域（Feld）"中，可称之为"理解域"。这个"理解域"有两个基本特征：一是一个假定的意义或含义域，即理解假定一开始不具有准确性或确定性，需要进一步清楚地界定；二是每一个意义筹划都是一种自-筹划，理解域不是由"纯粹的"被理解物的客观-事实之意义组成，某些属于理解者自身的东西也不可避免地渗入到理解域之中。下面我们来对这两点分别作解释。

人们可能会说，"理解"就是指把握一个"正确"，也即永远准确和合适的含义。海德格尔认为这样一种意义是不存在的。比如"理解"可不能像解答数学问题一样，在一些情况下也许有多种解题路径，但答案却是唯一的。被理解物只有在筹划中被切近并以某种方式——多是以隐秘而不被意识到的方式——被筹划所包含，但也至多是以隐秘而不被意识到的方式持存。举例来说，什么叫作理解亚里斯多德的《形而上学》？抛开对希腊语翻译上的困难，我们可以说，"理解"《形而上学》是指在

---

[1] Signifikant（能指）/ Signifikat（所指），符号学概念，前者指语词或发音，后者指前者代表的意义。——译者注

每一次的阅读尝试中"理解假定"的被筹划（或必被筹划），并且每次的阅读都会不停地试着对文本整体思想的融贯性进行把握，进行新的调试和必要的修正。我们因此处在一个由不断待被验证的和待被新筹划的诸理解假定所构成的循环之中——一个不能跳出的循环，因为要找到一个通达所谓的自在"含义"的入口是不可能的，因为它本就不存在！也许有人会反对，当亚里斯多德的讲课记录被集结成书时，那些著作毫无疑问是有所意指的。但"有所意指"与存在一个客观的——对应可循的含义绝不是一回事！根本问题在于，一方面意义不是固定客观的，而是被筹划着的东西，另一方面筹划行为也不是完全任意的，而总是与被觉知物的含有意义性相适应，或者必须以之为据，在这种情况下，被理解之物是以什么样的方式存在？

难点还在于更深的地方。按上面的方式来看待理解，好像所有相关都是发生在意义（其存在模式当然也必须首先被解释）层面上的问题，并且对其的理解入径也是清楚明了的。但事实却绝非如此。这里我们就遇到由海德格尔引入，伽达默尔发展出来的著名的"解释学循环"。其指出的问题是这样的：亚里斯多德的《形而上学》是由古希腊语写成，无论一个多么精通这门已经不存在的语言的人都不敢说整个著作的意思对他来说是直接明了的。多数人对于原著进行解读过程中所出现的困难也很好地说明了这一点。一个对古希腊语只是略懂一二的人在面对一个古希腊语的句子时，理解这个句子要依赖于将其翻译为之于他而言有直接明了意义（或者至少比古希腊语更直接——下文会再谈到这点）的语言。问题的关键正在此，翻译正确的（不仅仅是机械式的对应，如翻译软件所做的那样）前提恰恰是对原句子的已经有了的理解。在句子被翻译之前又怎么可能理解它呢？"解释学循环"描述的正是这样一种绕圈子（Sich-Im-kreis-drehen）的情况。并且我们可以由此推知的是这不是仅仅存在于对陌生语言的翻译理解上，而是普遍存在的。人们可能会说数学的起点是确定的，通过公理和定义我们可以一次性地把"理解域"确立下来。但对精神和日常生活并不能像数学一样公式化地理解，任何对生活状况赋予一种人工形式化模式的尝试都从本质上使得对其把握变得不可能。

前面提到，海德格尔认为意义筹划是对意义的自筹划，按之前预告的，下面我来讲一讲在理解筹划中的意识相关成就是一种什么样的状况。海氏的观点认为每一次理解都伴随着其自身的一种自-释义（Sich-Auslegen）。我举两个比较形象的例子来说明。一个例子是我们对别人年龄的认知。一个三十五岁的人相较于一个十六岁的人来说并不会显得年轻，而对一个五十岁的人而言，三十五岁则是年轻的。另一个例子是对时间流逝的观感，一个年轻人度过五年的观感跟一个老年人的五年显然是不会一样的。在意义的筹划过程中也会有类似的情况（当然不是指单单心理层面的东西），这其中对于人们在认识论和政治思想上的偏好的解释尝试又显得比较有趣。费希特有一句经常被引用的名言说，什么样的人选择什么样的哲学。什么样的人不是指的其"个性特征"，而是指他的基本世界观。政治信念也类似。法国哲学家吉尔·德勒兹（Gilles Deleuze）曾把理解视域与自我放在一块，认为人的政治信念取决于其"视角"（或"立场"），即"自我"以何种方式和方法看待"世界"及其与之的关系。如"保守派"和"右派"看问题会首先从自我、家庭入手再到教会、国家，而"进步派"和"左派"往往首先想到的是社会最后才是个人。当然我们不必对这种听起来有点像政治讽刺漫画风格的论述方式的合理性进行争论。借此我想要强调的是，我们对理解的筹划在很大程度上都不仅仅受到人之此在的意识要素及其对世界的筹划，而且还决定性地受到——海德格尔称之为——人之此在的本体论属性及其对世界之筹划的塑造或"着色"的作用。海德格尔的重要创新之处在于他揭示出，人的理解不单单涉及心理层面，当然也不止与（被理解的）对象相关，而是还必须要将理解置于认识论的和本体论的讨论域的一侧来看。而对此问题的具体入手则正是现象学的真正研究领域（后面会有更多说明）。

费希特对理解的看法有着另一种特质，但与上面所讲的内容在某些方面异曲同工。对费希特而言，理解本质上是一种洞察（*Einsehen*）抑或洞见（*Einsicht*）。这一概念有许多面相。洞察是一种内向化的理解["ein-"一方面指向"内(in-)"①];同时也是一种指向统一的理解("ein-"另一方面也意味着统一性,这也是费希特理解概念的另一个基本特征)。但在这个词中最重要的却是看(Sehen),其与思维的关涉是独一的。而这就牵涉到费希特的成像学(Bildlehre)。费希特的理解理论包含在其著名的成像理论之中。②根据这一理论,不同成像的类别和图示种类在认识过程中扮演着重要的作用。对我们而言要看重的是,在理解行为中对于理解之物始终要先有一个成像。费希特认为这一成像-类具有让关于某物的概念得以可能的性质;概念或成像都适用于被理解之物。领会(Begreifen)③又是指:通过某物去领会某物。我们并不对某物进行直接地领会,直接性只在于感性直观。概念本身包含了某种"一个-通过-另一个(或相反)"的中介。最关键的是,在某一时刻,这种对于理解来说不可或缺的成像被认为与被理解的事物是不一致的,恰恰因为它"仅仅"是一种成像。我们要去"理解",要进入到被理解物之中,成像就必须在其成像性特征,或概念就必须在其概念特征中被消解(vernichtet)。在费希特看来,"理解"意味着将关

---

① 这里指"einsehen"这个词的"ein",作为德语词根有"里""内"的意思,"ein"的另一个意思是不定冠词"一"。——译者注
② 成像理论之于现象学——认识论和本体论方面——的潜在影响会在最后两章说明。
③ "begreifen"作为动词与"verstehen"都有理解的意思,为了体现不同原文用词我将前者译为"领会",德语的"Begriff(概念)"一词与"begreifen"同形,作者这里基于上下文考虑不用"verstehen"而用"begreifen"表"理解"。——译者注

于某物的概念作为概念的消解化——在这里，我们不能以这样的方式来设想，即最初确立的东西随后被简单地收回（这不会让我们向前迈进一步），而是在这种消解过程中，一道曙光真的出现了——上述洞见由此发生或行进出来。抑或：概念的消解不是说我形成某物的像之后又将其放在一旁，而是说达到一种对概念与被把握之物的不相符的洞见。在这里要强调的是理解的否定性特征（也许人们并不经常注意到这一点）：费希特也许会认为（当然他没有明确表达过这个观点），理解没有肯定的规定性。首先，这么说也许是没错的，每一次当我有所理解时，理解本身或理解行为本身总是不变的，变化的是理解的内容（被理解的东西）。但再往深一步问题会变得更为复杂也更值得注意：费希特试图要表明的是，理解本质上是否定性的，理解的固有本质是在于这样一个观点，即将某物理解为X要通过一个破坏性的其不是Y的洞见才得以可能。在理解的洞见中一些东西出生的同时，也总是伴随着一些东西的死亡。

海德格尔强调理解的不可避免的筹划特征，而费希特则是强调基于破坏的明晰时刻。虽然两者有所不同，但他们对理解的看法至少在两方面是一致的。首先他们都认为理解要以某种中介过程为前提：在海德格尔那里是对意义的筹划，而在费希特那里则是对待被理解物的概念塑像。另外，虽然对于海德格尔而言，理解之筹划永远不会止于某一点，而是能够（或必然）无休止地进行下去，而费希特将理解描绘成一种对概念的消解化。在这个概念的消解化过程中并且通过这样的消解可以获得某种洞见，但只要两人都利用特定的否定性来刻画理解，他们理论的出发点就有相交之处。对此后面会再详细说明。

上面讲了理解概念第一种意义中最重要的两个方面：筹划和消解。德国古典哲学的代表费希特和黑格尔强调"理解"还具有第二种基本含义，即"理解"是一种"使-立定（Zum-Stehen-Bringen）"。基本要义是，待被理解物——意义——是运动的、流逝的及不可捕捉的，因此需要一种特殊的固定化，也就是通过"使-立（Ver-stand）"来实现。随之而来的问题在于，在每一次的理解的使-立定中，其所指的固定化都剥夺了意义本质所有的动态性，由此意义也是以某种变样的方式呈现［马克·里希尔将其称为"置换（Transposition）"］，也即通过理解［使-立］（Ver-stand），意义不再以其"本来"的样子被把握。而这对意义理解的可能性是否有致命的影响？或者说除了否定性的特征之外，还有没有其他方式来把握变样后的意义之变形（Transformation）？

黑格尔尽管始终强调知性[1]的必要性和价值，但他更多的是为了通过在对理性知识的诉求（及实现）中去克服知性［理解］的逻辑。鉴于这里对理解问题的需要我们采用另外的路径，即不将意义通过知性［理解］改造后的变样视为一种缺陷，而是

---

[1] 这里"知性"和"理解"都是一个词，黑格尔哲学语境下"Verstand"一般译为"知性"。
——译者注

视为一种优点。在理解行为中发生了某种变形,其基于"变异(Alteration)"或"使别样化(Veranderung)"[1]而让"变异性(Alterität)"的一面得以呈现,一种全新形式的"间距"也由此形成,其必须从根本上与通常意义上所强调的自我意识之分裂相区别。在经典的反思意识或自我意识理论中自我意识上的间距是明面上的。这样会显得很难逃离唯我论的视角,费希特或胡塞尔的思想也经常遭到(不过是无根据的)主观主义、生产唯心论、唯我论等的责难。这里要强调的是间距只有在理解着的自我与被理解物的一种使-立着的(ver-stehend)[2]关系[抑或使-立定的(zum-stehen-bringend)]中才能产生(就好比量子力学中测量行为对被测量物会有干扰一样,但不同的是,在量子力学中,没有任何东西会站定不动,而这里的情况恰恰相反)。通过间距会导致一种意义-产生性的"使别样化",其既不完全是之于被理解物的属性(因为它要由理解者来唤起),也不能单单归属于理解者(因为它始终是有关被理解物的)。对这个问题我在这不便继续深化,只需强调,理解唤起——但不是以其为前提条件——了"使别样化",即理解是一种使-站(verständnis)[理解力]-揭示着的,意义-生成着的异己物(Anderem)的出现,但以这样的方式而被立定之物(Zum-Ste-

---

[1] "Veranderung"是生造的一个词,"ver-"是"使……","ander"是不定代词"其他(她/它)","-ung"是名词性后缀,注意与"Veränderung(使变化)"区分。——译者注

[2] "verstehen"中前缀"ver-"有使得某物或让某物成为某种状态的意思,也有"stehen"本意为"站立""立于某处"的意思,"verstehend"本意为形容词"理解的"。——译者注

hen-Gebrachte）总是具有矛盾意味地不断唤起新的理解筹划。

现在我们可以转到现象学理解理论有关筹划的第三个要点。这要问到可理解物（或者说自明物）与非自身可理解物［非自明物（Nicht-Selbst-Verständlichen）］的关系问题。在本章一开始胡塞尔的引文中就已经提到了自明物和不可理解物，我们现在就来谈谈这一点。非自明物应先从其字面意思来看：根据之前讨论的上下文，非自明物是指那些自身无法固着之物，或者说是一个要求某种固定确定者的意义之维度并由此带来"使别样化"。按胡塞尔的说法就是"理解"——至少从现象学的角度——是与"不可理解物"联系在一起的，对应引文中的论述，自明物是以不可理解物为"背景"的。当然，胡塞尔并不是说现象学对不可理解之物的完全从属，而只是说现象学要讨论"自明物中的非自明物"。"不可理解物"可以更好一点地表述为：不可理解物不是完全脱离理解力的东西，而是作为被理解物的背景，并且多亏其必然的使之站定的特性，被理解物的可认识性才得以可能。因此，只要胡塞尔将理解行为相应地扩展到非可揭明性（Nicht-Offenbarkeit）的维度，在这个维度下自明物和（尚未）（自明）可理解物有着某种关联性，那么他就超出了单纯的对理解的"使别样化"的描绘。并且，出于胡塞尔思想彻底化的必要性，"不可理解物"也要在某种有意义上显现出来，要被"现象化"。现象化的方式不单单是描述性的，否则整个对不可理解物、非自明物等的指向会变得没有意义。这种方式也不关乎外在的筹划，而是一种内向的、自身筹划式的理解。同时也意味着对一个理解力之扩展的揭示，其自身在"使别样化"中并通过"使别样化"进行筹划，且，"使别样化"不是单纯地被经验所激发的。用胡塞尔-康德式的方式来说："理解"就是综合性先天的视域的揭示。作为一种先验观念论来理解的现象学只要让认识的可扩展性（不能通过假设-演绎推理获得）"先天"可能，其就会超出对"诸联想（Assoziationen）"的描绘之外。现象学"建构（Konstruktion）"的概念便借此契机得以引入并强化，因为其着重于试图为一个恰当的"肯定性"提供说明，而这一"肯定性"形式与"不可理解性"（Unverständlichkeit）和"不可显现性"（Unscheinbarkeit）——自身并不显现而是规定何物显现——相关。现象学的建构是一种"发生（genetisieren）"，即一个朝向意义的筹划，在意义的筹划中（或意义的建构中），诸法则性本质性地被揭示（这与解释学的理解之筹划有所不同），并且每一次筹划或建构也伴随着"使别样化"，其不可避免的指明新的和无限的相关思考的视角。下面本章的最后一部分就借着对"理解"的论述再来谈一谈现象学的方法。

我在上一章详细讲到，现象学是一种描述性的"方法"，其旨在对在直观中被给予的现象及与现象相关的"意向性意识"的构造性之诸成就进行描述。但话只说了一半。现象学，最根本而言（如前所述）是关乎所有显现出来的东西的含有意义性的形式，让其可理解。因此，它主要是关于使-可理解化

什么是现象学？
Was ist Phänomenologie?

(Verständlich-Machung)。为此，理解的自身执行、自-实现（Selbst-Vollzug）就处于首要地位，并必在任何时候都被［意识］成就着。在这里真确被发现的，而不是假设出来的是，自身被执行的使-可理解揭示出了一个"诸意义层"，其不是立即就可以被通达的。根本性问题是，要如何解决这个难题。现象学创始人的回答是：指明各种不同的"回退""还原""追溯"（"现象学的还原"）之道路，尽管有着清醒的、践行的（performativ）的成果，我们却似乎总是作为后入场者（Zu-spät-Kommende）而需要去再构那些已经在我们之"前"所发生的东西。这就是著名的"回到实事本身"，这一信条并不仅仅致力于与其他哲学思想相区别，而是还更加普遍地关切实事性（Sachlichkeit）和含有实事性（Sachhaftigkeit）的发生（Genese）。我们还可以同样提倡与"回到"实事相对的另外的解方：超越（hinaus）！超越去到敞开者（Offenen）。超越去到那些让实事性从一开始向我们显现的视域之中。不是超越去到那些感性可知觉物和事先假定物，而是通过幻想力和想象超越去到使-敞开者（Er-Öffnenden）。在一种"内-外-发生着的（endo-exo-genetisierenden）"运动（内在和外在同时地意义构成）中超越去到内在性的逾越物（Übersteigenden），即超验者［这里"超验物（Transzendenz）"不是指神性，而只是指那些不可前把握、不可前思维之物，其在最大程度上挑战着理解的边界］。超越最终走向的不是肯定意义上的被给予物，而是走向通过否定性来刻画的被理解之物。由此展现在我们面前的是，尽管要强调否定性，在超越-摇摆（Hinaus-Schwingen）的过程中我们会发现不可还原之物（Nicht-Reduzierbares），这也是当代法国现象学（但非其所有现象学变型！）中谈到很多的"非可还原（irréductible）"，即那些不能被还原的东西。①

下面对这一章作一个小结。理解不只是解释学的研究对象，它也（应）是现象学的一个特殊的基本概念。本文旨在对处于现象学思辨之基础的中心位置的理解概念做一个勾画，在接下来的章节中也会继续涉及。关于理解概念有三点要说明。首先理解既要求对意义的筹划，又要求对每个理解假定不断地消解化。因为相较于知性［理解］相关的筹划，理解无外乎是一种内-看（Ein-sehen）。其次，理解并不仅仅保持在理解着的看者或看着的理解者的自身之中，而且始终处于"使别样化"之中，其让被理解的对象被"置换"，而这种"置换"一方面让被理解的对象变得不可控，另一方面又让被理解物的意义确定下来，不断生成新的意义。现在，如果不想这种明显的张力导致不可挽回的矛盾（并因此瓦解），那么，通过澄清自明物中的非自明物和对综合性先天的视域揭示这两种方式，理解就应被表明为是一种内在的筹划及自行筹划式的理解。

---

① 帕特里斯·洛奥克斯（Patrice Loraux）是这方面的典型，参见他的《不愿终结》（»Pour n'enpasfinir«），载《现象学年鉴》（Annales de phénoménologie），2016年第15期，第13页往下；《非可还原物》（»L'irréductible«），载《ÉPOKHÈ》杂志，第3辑，罗伯特·勒格罗斯（Robert Legros）编，格勒诺布尔，J.米隆出版社，1993年出版。

什么是现象学?
Was ist Phänomenologie?

我们可以更抽象一点来表述。第一点视理解为一种揭示和消解——一个在-运动中-设定着的（in-Bewegung-setzenden）筹划和停顿式的观视〈看〉。第二点与第一点对应："使别样化"让〈在动态中〉一个揭示着的视角-截取（Hinsicht-Nehmen）得以可能，理解的让-站定在这一刻暂停了运动状态。前两点之间不仅仅是修辞上的表面对称，而且也指出一个区别，一边是意在统一的筹划和观视，一边是旨在将异己性立于中心地位的移动着的使-立。现象学的建构，内在的自筹划，最终都建于先天视域性的理解之扩展上，而这种扩展又处于生成-筹划的发生和被给予的不可还原物之间的张力之中。那么，最后的问题：是什么造成了"被给予性"？

这个问题不仅指向我们在导论中谈到的关于现象学本质特征的第二个论题——不可还原物的（在否定性和敞开性之间往来运动的）独特"肯定性"。其还关乎着到底什么是现象学地"被给予"的问题，即"被给予性"意味着什么？

"被给予性"或"被给予物"概念遭受到了无数的（理由充分的）批评。如果被给予物仅仅被视为既定和外在存在的对我们施加影响的事物，那么它的有效性自不能有普遍适用性。就是说，如此理解的被给予物会陷入到无数形式的可能矛盾之中——可以是其（某种存在于纯粹经验哲学中的）内在内容上的矛盾性，抑或（外在的）基于（不可避免的）认识主体具有的不同基本前见中的矛盾性（其他还有矛盾的例子在此不一一例举）。

但这并不是说要放弃被给予性概念，现象学方法的重要性在于其拒绝任何证明式的或概念分析式的哲学解答。"被给予性"是一个潜意识下（unterschwellige）的概念，其构成了理解行为以上三个方面的基础。通过理解之筹划的消解化作用我们面对的是自身给予物而非"虚无（Nichts）"。"使别样化"之所以有其充分的根据，是因为运动的和不定的意义的困定化"给与（gibt）"了某物。在揭示和扩展了理解的理解之内在筹划中，被给予性也同样是重要相关的——不过是与一种被发生的（现象学地"被建构的"）被给予性，而不是与什么前存在或在先假设物的被给予性相关。因此，最后结论性的要点是对"不可还原物"的诉诸，其是发生，同时也生成和指引着理解筹划之建构的东西。"生成（erzeugt）"——其包含某种反实在论因素（前设性必须彻底排除）；"指引（leitet）"——具有反观念论的因素，如果没有了"不可还原物"的指引，那么建构将变得任意。在建构的所有特点中最引人瞩目的是，建构的法则只能通过建构自身来揭示。换句话说，理解的"真理"在其自身之中，其是"自身之标志（Zeichen）"。现象学的理解与自然科学式的认识的区别正是在于，后者对真理的验明总是包含着被预设了的和被预先认定为存在着的存在物。

第二部分
作为先验观念论的现象学

第二部分 作为先验观念论的现象学

第三章 从后康德时代观念论出发的先验现象学

本书第二部分将从原初性的视角出发通过对两个重要的哲学传统——德国观念论和18世纪盎格鲁-撒克逊经验主义——的回溯来开辟第二条——超出前两章讨论之外的——现象学之可能径路。在这一部分我主要着重讨论两个哲学传统中那些与启发现象学相关思考有着本质关联的地方。由此，现象学的"基本理念"就不再仅仅是从方法论上被展现（即便依然是，也是以不同的方式），而且还为接受哲学史上所获得的各种成果和见解的审视做好了准备。①

一个引人瞩目但又不够受重视的事实是，现象学的先验哲学构想是建立在一个很容易就看出来但又往往在相关背景的讨论中被忽略的哲学传统——从康德之后的德国古典哲学中发展起来的先验主义——之上的。②在这一章中将说明，现象学的基本理念如何在一个广泛的框架下从德国观念论的不同思想中汲取灵感并如何相应地引发出现象学内部不同——但始终致力于

---

① 这里采用了不同的现象学径路这一点在文体上也有所体现：相比前两章，在接下来的两章中将因此（其本也就特别涉及历史学的考察）更明确地参考文本。
② 现象学与德国古典哲学的关联可参见新近的《胡塞尔与德国古典哲学》(Husserl und die Klassische Deutschen Philosophie)，F.法比安内力（F.Fabbianelli）和S.陆福特（S.Luft）编，《现象学论丛》(Phaenomenologica)，多德雷赫特，施普林格出版社，2014年出版；《视界现象学研究》，2015年第4辑（特别专题）的《现象学和德国古典哲学》，N.阿特门科（N.Artemenko）、G.切尔纳文（G.Chernavin）和A.施内尔（A.Schnell）编，圣彼得堡，2015年出版。

093

什么是现象学？
Was ist Phänomenologie?

发展一个总体统一方略的——思考的。

现象学——至少在（两位）现象学之父那里——有两个根基，一个是认识论的，一个是本体论的。在现象学将关联主义置于前台的地方，形而上学的传统所推出的则是某种自在存在（An-sich-Sein）；[1]并且，现象学把通过这种关联主义视角表述出来的认识的彻底合法化问题，与被认知物的本体论基础的证明联系在一起。因此现象学放弃了康德式的先验主义所做出的标志性的"显像"和"物自体"二分；现象学赋予了"本体论"一个新的光荣称号（代价是要完全重新创建它），而这之前是被康德认识论所否认的。

当然《纯粹理性批判》之于现象学的联系绝非只有否定性的方面。康德不仅仅是德国古典哲学也同时是现象学的伟大先驱，正是他为两者确立了共同的先验思考路径。因此，回到德国古典哲学意义在于，在真正的现象层面给予"先验"概念某种新的诠释。这种诠释允许将（只要是先验意义上的）认识论视角和本体论视角放在一起思考，以康德术语来讲就是得以把握住对所有综合判断最高法则的内容，基于这一法则，"认识的可能性条件［认识论视角］同时也是经验对象［本体论视角］

---

[1] 之前已经提到，对关联主义的最早提及要归功于费希特。本书导论的第三个现象学论题中也说，关联主义是现象学研究的核心（第五章会详细讨论），也可以参考之前对费希特的引文，引自《知识学1804²》,《费希特全集》，第2卷8，第13页以下。更多讨论见第六章。

的可能性条件",①当然在《纯粹理性批判》中并没提及这个隐含在以上内容中的最终结论。

我们首先通过几个引文来了解这个现象学的统一是什么意思：（1）"只有那些误解了最深刻意义上的意向性方法或先验还原，抑或同时误解了两者的人，才会对现象学和先验观念论区别对待。"②（2）"如果在先验观念的名称下我们有着这样一种理解，即存在绝不能通过存在者来澄清，对于任何存在者而言，存在已经是'先验物'自身，那么唯有观念论才真正具有提出哲学问题的可能性。"③（3）"先验概念自身的变革在于现象学所做出的本质贡献。"④从这三个论述中我们可以总结出，在将哲学等同于现象学的前提下，并且考虑到现象学中运用的那些方法论限制，现象学必须被理解为一种观念论；并且这种观念论既有先验的又有本体论的维度；只要这两种维度决定了现象学的特征，那么它同时也带来了一个全新的"先验"概念。

---

① 这个角度的论述尼古拉·哈特曼（Nicolai Hartmann）已经有所涉及（当然是从非现象学的角度），参见他的《观念论和实在论的此岸》（*Diesseits von Idealismus und Realismus*），载 G. 哈通（G.Hartung）和 M. 温西（M.Wunsch）编的《新本体论和人类学研究》，柏林/波士顿，德格鲁伊特出版社，2014年版，第19-66页（特别是第39-46页）。
② E. 胡塞尔：《笛卡尔式的沉思》，《胡塞尔全集》，第1卷，41节，第119页。胡塞尔在另一处有相同意义上的论述，"所有哲学本体论"都应是"先验观念的本体论"，《胡塞尔全集》，第8卷，附件30（1924），第482页。
③ M. 海德格尔：《存在与时间》，《海德格尔全集》，第2卷，F.W.V. 赫尔曼编，美因法兰克福，克洛斯特曼出版社，1977年版，43节，第275页。
④ 伊曼纽尔·列维纳斯：《与胡塞尔和海德格尔一起发现存在》，巴黎，弗林出版社，1988年版（1949年第一版），第127页。德语翻译收于《他者的足迹》（*Die Spur des Anderen*），弗莱堡/慕尼黑，阿贝尔出版社，1983年版，第125页。

什么是现象学?
Was ist Phänomenologie?

三段引文分别来自现象学传统的三种不同思路:胡塞尔"先验转向"后的现象学;海德格尔的"基础本体论";[①]及列维纳斯的第一部重要著作(《整体与无限》),其在很大程度上依然受惠于胡塞尔。它们都有某种一致性——向德国古典哲学系统性观点进行回溯是有必要的。不过这也不意味着现象学只能如此这般展开,而只是从发展的和奠基性的角度来说,但凡现象学被视为先验哲学或"先验观念论",回到德国古典哲学传统对其意义和内容的澄清就不可或缺。下面我们会分开阐明上面说的现象学的两个根基,(第一步)是认识论的视角,然后(第二步)是本体论视角,并通过"直观""建构"和(第一层含义的)"使能"等概念在不同架构的索引中对它们加以界定。第三步也就是最后一步要搞明白的,是如何能够以直观的方法——通过这一方法从现象学的工作中得出了诸"形而上学"的结论——将前两步并入到一个统一的课题中来思考,在此课题中,作为"反思的反思"的"使能"也应有着不同的理解。因此,本章的基本意图是勾勒出现象学不同的"先验"概念之维度,并指出其以一种根本的方式向先验观念论的经典论述回归。

"先验"概念的不同现象学处理方式的共同出发点在于,

[①] 对海德格尔而言,"基础本体论的"基于他的理解就是"先验"的意思。通过这种与先验概念的传统大相径庭的用法,他将与"世界"问题相关联的对这个概念的理解,与他从康德对这个概念的使用中得出的理解相对立,并将后者归入一种"'自然'的本体论"之中。可参看《以莱布尼兹为起点的逻辑学的形而上学的开端的根据》,《海德格尔全集》,第26卷,K. 赫尔德编,美因法兰克福,克洛斯特曼出版社,1978年版,第218页。

"先验"不仅被赋予一种"可能性条件"的地位，并且被坚持认为有着某种形式的被给予性（和经验），其让这一概念得以被验证和被证成。验证的特征是以直观的维度为基准（胡塞尔的方法在此与费希特一致）；而现象学对"先验"概念的辩护则建立在（胡塞尔和芬克那里的）"现象学的建构"抑或（海德格尔设想的）"使能"之上，这两点都能在费希特的思想中找到明确的契合。

正如我们在第一章中短暂讲到的，在著名的《观念Ⅰ》第24节中，胡塞尔用"所有原则的原则"对现象学进行了界定。根据这个原则，与认识相关的每一个"实事"都必须得到奠基，即"每一个原初被给予的直观都是认识的合法性的源泉"。① 根据这个源自康德实践哲学的说辞我们可以推测，"所有原则的原则"的"奠基"效用自动（eo ipso）就是认识合法化的。在这，人们没有充分意识到胡塞尔对现象学最高原则的刻画所具有的费希特式哲学的背景。虽然胡塞尔本人未能对认识合法化原则（这一原则本身就已经指向了费希特的知识学）从实践维度进行进一步的思考，我们依然应该强调，"直观"和"明见性"在两位先验论者那里都有着重要的地位，在这一点上他们的思想确有相近之处。在胡塞尔将直观明见性作为最在先的认识奠基以前，费希特就已经通过他第一版以至后期著作中（通过"理智

---

① 《胡塞尔全集》，第3卷，第1部，第51页。

直观"来做出规定的）知识学的"直观""光"和"看"等概念做到了这点。①直观或看具有合法性的效力的说法是费希特首先提出的。

那么所谓的合法性（Legitimation）是如何通过直观明见性来达成的？胡塞尔的先验现象学通过两个阶段来达成这种合法性，其在两个不同的层面进行。②首先，合法性被置于一个自我（Ego）在其持续的一致性中自行形成的经验当中。所有对"内在"意识领域的——最初以"非批判"的方式进行的——描述性分析都属于这一第一阶段。胡塞尔意义上的先验批判是现象学研究第二阶段的任务，与此阶段相对应的是"前现象的（präphänomenal）"或"前内在（präimmanent）"的意识领域。③

胡塞尔先验主义第一阶段的意向性分析的特点在于，他试图指明一种"意向性之蕴含"，在每一个意向指涉当中尽管其只是隐秘性地存在，但依然可能在直观中被给予。尽管[描述]分析所针对的是当下行进着的、指向某个具体被给予对象的意向性意识的诸规定性，需要强调的是，每一个现时性当中都蕴

---

① 费希特最终版的知识学的核心要点中无数次提到"看""洞见"和"直观"（在1812年和1813年版中这一点尤为明显）。
② 可以参考《笛卡尔式的沉思》的第二沉思。
③ 胡塞尔早在其1907年的《事物与空间》讲座中已经触及了（与被感知对象的空间性相关的）前现象维度，之后他在《胡塞尔全集》第10卷（B手稿）最后一部分（1913年）中强调了时间性的"内在"或"现象"时间性的这一侧。

含着广阔的潜能性：每个当下性本都使伴随着诸视域性的共当下性，尽管不是被直接明确指向，它们也是一道被给予的，每一个感知都会去指涉到其他非现时的感知，后者存在于隐没的过去或被预示的未来之中。相较于现时的当下性，视域性呈现出一种"盈余（Überschuss）"：共当下者本质上而言超出了现时意识相关被给予物之外。共当下的视域不是"空泛的可能性"，不是假定或虚构，而是勾勒出诸多已被实现或应被实现的可能性，其本质性地规定着真实的自我。胡塞尔将这种直观的可能性称为"潜能性（Protentialität）"，它们是自我的"我能"或"我做"。每一个意向指涉都始终蕴含着此类潜能性的直观之视域。有关（第一层面的）先验意识内在域的直观性就说这么多。但是对于以这样的方式被分析的东西，是否真的足以予其合法性？

我们要再次回到"所有原则的原则"，对胡塞尔现象学认识的合法性而言，费希特哲学的遗产还可做更进一步的挖掘。胡塞尔在《观念Ⅰ》24节中并没有说每一个认识合法性的源泉都要回溯到原初被给予的直观当中，从字面上看，他只是说每一个原初被给予的直观都是一个认识合法性的源泉。也就是说，一个具有合法性的认识可以不是直观被给予的，或者其合法性至少可以从属不同于描述的分析过程中的其他的直观形式。作为"现象学基本方法"的现象学还原虽然让我们回到先验主体性和其意向性体验上，但这一方法上的考量并没有回到自我之

什么是现象学？
Was ist Phänomenologie?

经验上的直观发掘（Freilegung）及其相应的意向性蕴含之上。发掘所表明的现象学方法的几个基本特点胡塞尔是在20世纪20年代开始才有所意识。大致而言，现象学（在本质性描述的意义下）描述性分析中对"内在"意识诸"实项（reel）"内容的刻画尽管必要且有益，但当要将内在诸现象提升到最终构造的层面上，就像先验的，最终合法化行为以必然的方式所彰显出的那样时，这样的分析就稍显不足了。自我的经验不是仅仅被（当下）给予的，以便单纯地描述就足以揭示其结构要素（即便它们的确在意向蕴含中被给予），还有一些障碍——它们使得对结构要素在经验中的构造性作用的理解变得困难甚至是不可能——需要去克服，也就是通过某种形式的"解构（Dekonstruktion）"[如前所说，胡塞尔相关的说法是"拆解还原（Abbaureduktion）"]，在与最终构造同等的层面上（上面讲的第二层）塑造一个肯定的对应组块：建构（*Konstruktion*）是[1]——如在第一章讲到的———种既非思辨也非形而上学的，而是真正现象学的建构。那么为什么一定要有这个（先验意识内在领域

---

[1] 参见《笛卡尔式的沉思》第五沉思第59，第64节。"现象学的建构"概念一般被认为是出于胡塞尔20世纪30年代的作品，是胡塞尔与芬克在某次定期会面讨论的结果。不过据我所知，在1922年／1923年的《哲学导论》（《胡塞尔全集》第35卷，第203页）第39节中胡塞尔已经提到了这个概念。海德格尔在《存在与时间》第63节和第72节中也使用过它；在1929年夏季学期讲座中他基于费希特《全部知识学的基础》（1794／1795）对"建构"概念进行了更深一步的使用，见他的全集第28卷《德国观念论（费希特，谢林，黑格尔）和当代哲学问题之状况》[克劳迪欧斯·斯图伯（Claudius Strube）编，美因法兰克福，克劳斯特曼出版社，1997年版]。在《笛卡尔式的第六沉思》第7节中，现象学的建构终于在芬克所构建的现象学方法中确立了重要地位。

的描述经验这一侧的)"现象学建构"的第二阶段呢？因为当意向性分析遭遇到描述性分析的盲点所造成的边界时，现象学的建构就是必不可少的。

现象学建构既建构了事实，也建构了其可能性的条件——即那些让"使能"得以可能之物。现象学的建构是之于被建构之物必然性的建构。为了要实现它，现象学的建构需要一种特殊的直观性，①一种不受纯粹概念的、理智的建构限制的直观。而这种直观性②是依据在"历史"（发生、习性和积淀）中的现象学家的经验被隐匿性地促成和建立起来的。因此，作为现象学建构的特殊特征，直观性本身可以在最深的"层面"或"层级"中被发生性地重构出来。

这种处理问题的方式与费希特"发生建构"的方法如出一辙。如费希特在其《知识学1804²》中强调，发生建构不是出于"事实"，而是"本原行动（Tathandlung）"③（与"发生（Genesis）"同义），并且建构的合法化既不源于前见也不源于推理原则，而是源于那些首先通过建构自身验证了其必然性的东西。而这里所诉求的直观性正是让发生着的过程性显明的本几形式，费希特称之为"洞见"。但毕竟"发生"建构与"现象学"建构

---

① 芬克在20世纪30年代明确写道："现象学是建构的直观"，《现象学工作坊》，第1卷，弗莱堡/慕尼黑，阿贝尔出版社，2006年版，第259页。
② 在《第一哲学》第33号讲座（《胡塞尔全集》，第8卷，第48页）中，胡塞尔在谈"超越地看（Herausschauen）"时已有类似论述。
③ 《知识学1804²》，《费希特全集》，第2卷8，第203页。

什么是现象学？
Was ist Phänomenologie?

还是有重要的不同。费希特是在批评了康德——后者提出了一种"事后综合（Synthesen post factum）〔设定两个对立概念的统一，而不是从它们自身中"去引申（ableiten）"，即不是去发生性地建构它们〕"——之后引入了他的"纯粹知识"的"发生"（作为知识的知识，即让知识成其为知识的知识）的思想的，而胡塞尔的现象学所建构不是那种"纯粹的"或"绝对的"知识，而是要从一个个别的"事实"出发，将其作为建构的指引。所以，现象学的建构不是一个普遍的方法，而是一种严格限定在由某个特定"事实"划定的确定界限内的操作方式。

尽管胡塞尔确实（至少是不自觉地）对诸多"事实"进行过现象学的建构（主要是在他对时间和交互主体性的现象学分析中），但在同样的著作中却没有看到对其可能性条件进行建构的迹象。而在费希特那，认识的——先验——可能性条件通过反思的"双重化"①得以合法，即，通过一种运动去让那些让（认识）可能的东西变得可能——一种双重"使能"。海德格尔对意向性概念的本真追问将"使能化（Ermöglichung）"的现象学潜能推到了极致，他对双重使能概念的理解不可思议地与费希特如出一辙。不过这里与知识学的联系将更多地在系统性的而非历史性的层面展开。

海德格尔在《存在与时间》中提出了意向性结构的本体论

---

① 《知识学 1804^2》，《费希特全集》，第2卷8，第269页。

解读，以此可以摆脱意识分析的限制。这样的处理是用"此在（Dasein）"去替换"先验主体性"概念，"此在"不是从人类学的角度，而是从本体论的分析入手，并且其不是单纯由"现成在手的（vorhanden）"或"上手的（zuhanden）"存在者组成，而是一种本真的存在-可能（Sein-Können）。此在是一种能在（者），只能通过其自身之可能性来理解。海德格尔由此将"可能性"概念范围不仅推至胡塞尔的意识的意向性分析框架之外，并且还提出了其与主体性的本体论维度之间的关系的追问。

作为"基础本体论"的此在分析所着眼的是本体论层面，对海德格尔而言这不仅仅意味着对个别性科学（心理学、人类学等）视角的拒斥，对他来说，这里首先关乎的是此在与存在者之"整体"的关系。因而要面对的两个问题就是：在此在的所有可能性中是否有一个享有着原初和特别的地位？并且此在是否能够在其整体性中被把握？

为了回答上面两个问题，海德格尔在《存在与时间》53节中对诸可能性［概念］进行了现象学指涉性的分析，其为将所有事实的可能性与本源的可能性的联结提供了最广阔的视域。而这一本源的可能性就是存在的不可能性的可能性，其描绘出一种对死亡的不-可能的（un-möglich）指涉。①

---

① 这并不意味着海德格尔将人类学的元素纳入他的基础本体论中，相反，它表明先前对主体性进行的本体论分析在一个人类学现象中得到了验证。人类学与形而上学的关系问题可参见《海德格尔全集》28卷《德国观念论（费希特，谢林，黑格尔）和当代哲学问题之现状》，第2节到第4节。

什么是现象学?
Was ist Phänomenologie?

这里的关键正是将指涉作为一种可能性来把握,即,其既不能被视为单纯的抽象物(仅仅在于对死亡的思考中),也不能在实际的现实化意义(对死亡的预期)上来考量。

海德格尔称正是这种指涉让我们得以将可能性"保持(aushalten)"为可能性,也正是这种指涉揭示了"向死之先行(Vorlaufen)"(即作为存在的最终可能性的不可能性)。他明确认为,这种先行态既是一种此在的"存在方式",也同时造就了一种特殊的"理解"。换句话来说,先行态可以让海德格尔同时处于"本体论"和"认识论"的层面。这种先行态的现象内容是什么? 必须强调的两个基本特征是:一方面,先行态个例化(vereinzelt)了此在;另一重要的方面是,诸现实可能性会通过超验行为(Transzendieren)——在其中最极端的可能性变得无限——而被解放和被揭示:[①]"当此在为自己的死而先行变得自由时,此在就从各种偶然簇拥着的可能性之迷失中被解放出来,以至于此在首次可以对那些个不可逾越的、横在此在面前的现实可能性进行理解和抉择。"[②]

第二点有着与费希特相似的地方。海德格尔确实在自问,这种终极可能性如何才能之于此在是确知的(gewiss),也就是说,此在如何才能居有它。他认为答案只能在"理解着的居有

[①] 将这一思想运用到对传统的态度上,在《形而上学的基本概念》中,海德格尔以同样的方式说:"从传统中解放就是不断重新获取其一再被发现的力量。"《海德格尔全集》,29/30卷,F.W.V.赫尔曼编,美因法兰克福,克洛斯特曼出版社,1983年版,第74节,第511页。
[②] 《存在与时间》,第53节,第264页。

(Aneignen)"①之中，那一最终之能在（Möglich-Sein）在使能化中被双重化，这种使能化构成了（认识相关的）可能的（能在的）使可能（Möglich-Machen）。②先行因此将自身展现为对最极端可能性的可能化："［极端］可能性的揭示奠基于先行着的使能化之中。"③就像费希特的使能化让作为知识的知识的自我设定和自我奠基得以可能一样，海德格尔的确知-成为（Gewiss-Werden）也让此在的极端可能性得以可能，在其中所有最终的可能性都得到解放。

关于所有认识的最终合法源泉，现象学与费希特之间存在着某种联系这一点是不容忽视的：合法性的所有层级——无论是在直观明见性有着优先地位的描述性现象学层面，还是在更基本的现象学的建构和使能化层面——知识学的基本思想都在现象学之父们那里产生了共鸣。下一步我将表明现象学与德国古典哲学在本体论层面上也有着这种关联。

当现象学的悬置和还原将"世界论题"及所有在世界中的居民置于括号中后——或者换个说法，当现象学的胜利以付出现象的本体论不定化（Präkarisierung）为代价之后——的问题在

---

① "Aneignen" 是海德格尔后期重要术语（与 "Ereignis" 同词簇），还可译为 "获取""领会""掌握" 等，"居有" 为孙周兴的译法。——译者注
② 原文为："[eine Ermöglichung] das (erkenntnismäßige) Möglich-Machen des Möglichen (des Möglich-Seins) ausmacht"，也许可以更为通俗一点地翻译为："使能化构成了（认识）可能的（可能存在的）使可能之行为。"仅供参考。——译者注
③ 《存在与时间》，第53节，第264页。

什么是现象学?
Was ist Phänomenologie?

于,世界及其居民的存在意义是什么。这个问题是我们在现象学中追问存在意义之状况的主轴。值得注意的是,谢林在其对费希特的批判中也是以同样的问题为主导——这也是为什么这场争论值得我们仔细研究的原因。为此,我们不妨先回顾一下先验观念论对于费希特和谢林的根本意义。

对他们两人而言处于第一位的是对先验知识,即对作为知识的知识进行奠基和合法化。对费希特来说,这只有在这样一种情况下才是可以想象的(也是可能的),即必须证明知识是如何"从内部"使自身合法化的——这尤其意味着不诉诸"客观"存在、"内容"或任何其他"外部"刺激。在他看来,只有这种"纯粹知识"的发生化才能完成康德的先验观念论。

而对谢林来说——从他1800年和1801年与费希特的通信[①]中可以看出——费希特的观点无异于抽象的"形式主义"。在他的《先验观念论体系》(1800)中——顺便说一句,这本书也对黑格尔的《精神现象学》产生了决定性的影响——他提出了一个解决方案,以便能避免这一缺陷。对于客观性内容在知识奠基中的角色他给出了一个完全不同的解释,根据他的说法,知识的内容必须构成自我的自我把握的一个组成部分。"先验"概念在这介入到两个层面:一是在自然哲学中一系列自然反思自我的尝试,二是在真正意义的先验哲学下自我的一系列自我客

[①] 《谢林—费希特通信》(Schelling-Fichte Briefwechsel),H. 陶博编,诺伊里德,阿斯云娜(arsuna),2001年版。

体化。前者的每一系列都对应于后者的每一系列，反之亦然。这里面的基本思想是，知识的合法化——及那些能合法化所有知识的知识——预设了，这一合法性自身是被被认识物（Gewussten）的各种逻辑的和实在的（!）规定性范畴性地结构化了的。依此观点，先验构造者被先验被构物本体论地"污染（kontaminiert）"了。

费希特和谢林的不同可以总结如下：对费希特而言，知识要想彻底合法，其合法化必须先行于知识之客观内容的任何规定性——否则的话向内容的回溯将会把我们带离先验视角，落入经验主义之中。谢林则提出与这种"形式化"的处理方式相对立的观点，先验的实在规定性是在于知识内容自身的逻辑范畴性，是对内容的"回溯"，多亏了这种回溯，先验经由内容而被构造，进而获得字面意义上的"客观实在"。

谢林的观点从先验哲学内部开辟出一个新的视角，列维纳斯则从现象学的角度认识到了这一点并试图进一步发展它。谢林所发现的其实是先验主义的一种形式，其主要通过先验构造者和被构造物间的"互为条件性关系"来刻画（这种想法第一次由列维纳斯明确提出[①]）。谢林对这一点没有做特别的强调，胡塞尔却意识到了这一先验的新意义（如《和胡塞尔、海德格

---

① 具体参见《总体与无限：论外在性》（*Totalité et Infini: Essai sur l'extériorité*），巴黎口袋读物 "biblioessais" 系列，1990年，第135页。胡塞尔《笛卡尔式的沉思》第五沉思第44节末尾已隐含有类似思想，见《胡塞尔全集》第1卷，第129页。

什么是现象学?
Was ist Phänomenologie?

尔一起发现存在》的著者所表明的那样[①])。那么"互为条件性关系"到底指的是什么呢?

"观念论""主观主义"和"形式主义"共同面对的批评是:他们都会将实在物的意义构造归结到关联关系的"主体"一级。为了避免这种片面性就必须对"意识"或"思维"与客体内容相关方式的意义进行考究,而这既不关乎个人的居有也不关乎单纯经验地意识到,而是关乎一种之于客观内容同时也之于一种方式上——作为先验结构——的含有指涉性(Bezughaftigkeit),一种其内容如何回向联系地污染关联结构的方式。

问题的解决主要取决于三个关键要素:现象学真理概念的效用;构造者和被构造物在内在及前内在意识域中的互为条件性关系;及这种条件性关系的发生化。前两点胡塞尔已经有所研究,最后一点则主要由列维纳斯在《异于存在或本质之外》[②]中论述。

要评断真理在澄清意向性关联的本体论基础中的作用,参阅《逻辑研究》的第六研究是有帮助的。胡塞尔的论点正在于其将显现着的客体性的必然性之合法性与现象学的——在"理智(Intellekt)"与"实事(Sache)"的具体相即(Adäquation)

[①] 见列维纳斯:《与胡塞尔和海德格尔一起发现存在》(*En découvrant l'existence avec Husserl et Heidegger*),第134页及其他各处。
[②] 列维纳斯:《异于存在或本质之外》(*Autrementqu'êtreou Au-delà del'essence*),巴黎口袋读物"biblioessais"系列,2006年,海牙,M.奈霍夫出版社,1974年第1版。

这一侧的——真理概念联系起来。只有当意向指涉是"正确的"时，真理才会实现。反过来，相即的意向指涉要预设"使真的"对象，当然这里面并不涉及具体的、个别的主体性，而是指之于某种"匿名"状况的"先验"诸规定。真理是所有世界指涉的先天之形式。这点对于理解前面所说的"先验之革新"的两个层面有着重要意义。因为从中我们可以看出，真理并不意指一种建立在某种前被给予的实在内容基础之上的规则的制定，而是指现实存在与其必然性的合法性之间是互为中介的。到目前为止，胡塞尔在每一点上都算是谢林的同路人，但只要现象学不去运用那些现实的和理想的"演绎"序列，而是着重于分析那些现象的客观性内容在现象学的（直觉的或建构的）直观中被证实的方式，那么胡塞尔与谢林之间就依然存在着不同。然而，这在什么意义上会是本体论的不同呢？

胡塞尔的"先验"概念不只限于认识者向先验自我（将构造的和先验的成就提升至清楚明白的意识的层级的东西）的回引这样一个事实，而且也像之前提过的，它还指出每一个意识的现时性都"隐含着"那些在意识中没有完全展现的"诸潜在性"（其并不必然地能够实现）。先验概念"革新"的意义——列维纳斯——在于其开辟了一种"新本体论"：[①]"存在不再仅仅被认为是思维相关物，而是作为在思维自身中的奠基物。通过

[①] 在第五章会对"新本体论"如何在现象学的思辨观念论中以存在概念的三个基本规定性形式发展起来的做出说明。

思维，存在也无论如何被构造。"①思维与存在，意识主体与客体存在着一种"互为条件性关系"。但"新本体论"这一概念要如何更精确地界定呢？

胡塞尔在《笛卡尔式的沉思》第20节中首先指出，在意识的内在领域层面上，在每一个意向指涉中，尽管被意指物的确被意向地意指了，但意谓（Meinung）②同时也通过与明确被意指之物相对的"盈余"所规定着。也就是说，先验现象学以这样的方式揭示了一个"视域"，其预先规定了意向之构造并通过这一构造"引发（motiviert）"出对"盈余"的朝向，由此每一个单向被指向的构造物也就被相对化并且揭明了一个相互依赖性的关系，其既与内在的意向性意识也与同样内在的显现者的存在相关联。在通过悬置和还原所揭示的领域中，独断的存在概念被中立化，取而代之的是为所有意识之成就进行本体论奠基的"先验被构造物"。列维纳斯认为交互的关系性条件就是"现象学之本身"："意向性就是指每一个意识都是关于某物的意识。重点是，意识照亮了对象的存在，通过意识对象才得以显现，也可以说是对象呼唤着意识并唤醒了它。"③具有决定意义的是一个"存在奠基"在交互关系中形成，其为先验构造提供

---

① 《与胡塞尔和海德格尔一起发现存在》，第130页；德语版《表象的沉没》（»Der Untergang der Vorstellung«），载《他者的足迹》（*Die Spur des Anderen*），弗莱堡／慕尼黑，阿贝尔出版社，2012年第6版，第130页（德语翻译有所改动）。
② "Meinung（意谓）"这里指最广泛意义上的意向性。——译者注
③ 《与胡塞尔和海德格尔一起发现存在》，第134页；德语版第133页以下（翻译有所改动）。

了本体论基础。

　　这还不是全部。每一个交互性的中介都有着更深的意义，其确认了现象学中的"新本体论"在真正的先验构造层面，即所谓的"前内在领域"的适用性：通过悬置和还原所揭示的"主体域"有了另外的意义，在胡塞尔那可以称为"前内在"的意识领域，抑或用列维纳斯的话"比所有客观性更客观"的领域。①就是说，客体不再仅仅是主体的相关物，而且也是一个中介指涉，通过它主体也不再是"单纯的"主体，客体不再是"单纯的"客体。②这里提到的存在也不再适合被称为"存在"。它需要一个彻底的还原。胡塞尔因此也在其后期手稿各处——显然是受到芬克影响——谈到"前-存在（Vor-Sein）"概念。③从构造的立场来看，"前-存在"在某种意义上先于世界的存在并破除了认识论和本体论视角的对立，因为其既关乎匿名的先验"主体性"，也关乎被"主体性"构造和奠基于"主体性"之下的相关物。

　　因此，实在的客观内容之规定性既诉求主体构造的成就也诉求本体论的奠基，后者为如此这般被构成之物提供了同样本

----

① 《与胡塞尔和海德格尔一起发现存在》，法语版第134页；德语版第134页。
② 同上，法语版第133页；德语版第134页。
③ 参见C.手稿第62号文本，载于《有关时间构造的后期文本（1929—1934）》，《胡塞尔手稿集》，第8卷，D.洛马编，多德雷赫特，斯宾格勒2006年出版，第269页；《胡塞尔全集》，第15卷，第35号文本脚注，第613页。关于"前-存在"概念在现象学的思辨观念论中的角色可参见本书第5章末。

什么是现象学?
Was ist Phänomenologie?

源意义上的客观实在性！先验构造是一种本体论的奠基。但要强调：只有当（先验被构造的）存在为意识进行"奠基"时（"客观的客体性"正是在这之中作为所有片面的经由先验主体性而被构造的客体性），意识才能"构造"诸显像。构造概念向我们表明，对象不只行使着一种抽象的指引，还污染了（*kontaminert*）先验之成就。这一观点与凯瑟琳·马拉布（Catherine Malabou）最近[1]从康德发展出来的"后生论（Epigenesis）"类似，即一种发生（Genese），其以后于（*jenseits*）["后-（epi-）"]先验本源的客观内容为中介，并因此形成观点的背面（Kehrseite）——客体性是范畴地结构化了的。

现在"交互条件性关系"终于被纳入（就像费希特所设想的那样）先验发生自身之中。即这种关系——据列维纳斯在《异于存在或本质之外》中对"历-时（Dia-chronie）"的描述——又反过来［费希特还会加上通过一个（自我-）反思］是被发生的。每一个条件性关系都事实上蕴含了层级（Ebene）或索引（Register）的差异，其中一个在场（Präsenz）和一个退场（Entzug）都能被看到（取决于所采取的立场，规定条件的或被条件规定的）。不过，这不单单意味着（跟费希特反思康德的先验哲学的情况一样），当没有可能经验能与先验概念相关时，先验概念就要么蕴含一种消解化要么蕴含一种生成化（并由此出

---

[1] C.马拉布：《明天之前，后发生与理性》（*Avant demain. Épigenèse et rationalité*），巴黎，PUF出版社，2014年版。

发这种消解化和生成化都仅止关涉这一侧或那一侧的先验条件），而且也意味着从一个索引到另一个索引之间还发生了一个跃迁（Sprung）——多亏"条件性诸关系"的反思深化——其也能够延伸至整个此内在意识域一侧并促使"在场"与"非在场"（退场）的相互交替。因此，列维纳斯在这一双重模式中认识到诸条件性关系的本质，而且，通过几次提及"非条件或条件（incondition ou condition）"，①他将这一模式"历时性"地定位到其本源上，在那里其以一种"原则或非原则"，抑或列维纳斯称为的"无序（Anarchie）"的形式呈现。"跃迁"——这也是发生的基本含义——不是经由任何"观察者"从外部执行（即便是其对之也"不感兴趣"），而是"跃迁"在"反思的反思"（这一术语再次出于费希特）中让先验物的基本规定性得以实现，这一规定性由使能化的特殊双重化组成，②即由这样一种洞见组成：在正确理解某物的可能性条件的同时也发现了让这一可能性条件自身得以可能的东西。③

在关于认识合法性和本体论基础的二重分析之后，我们接下来面对的问题是主-客-相互关系的地位问题，对此从一开始

---

① 《异于存在或本质之外》第17、186、196、203、281、282页。这一语词还与列维纳斯如何将主体性界定为"场所或非场所（Ort oder Nicht-Ort）"（亦如"场所和非场所"）相关（参见第77页）。
② "使能化（Ermöglichung）"的另一面将会在本章最后一部分给出。
③ 对这一洞见的系统后果将在第五章、第六章讲到。

113

什么是现象学？
Was ist Phänomenologie?

就讲过，这一关系是现象学的一个决定性的基本方面。在作为"前-存在"呈现的前内在意识域向我们揭示出来以后，我们可以特别追问，一如前面所示，这是一个"非主体的（asubjektiv）"领域还是依然可以被赋予一个"先验主体性"的身份？对这个问题费希特早已给出过答案（联系前面的引文）——他声称，就"绝对自我"而言，知识学始终断言其只把"被生成的"自我（而非自我本身）把握为纯粹的并将其置于演绎的最顶端，"因为［……］生成〈站的〉比被生成物要更高"。[1]可以看出，费希特完全清楚地区分了知识学中所运用的"诸演绎"与知识学自身的核心，这一区分就等同于被生成物（Erzeugte）与生成（Erzeugung）的区分。对应我们可以做一个三重划分：经验层，"被生成物"层及其"生成"层。知识学生成了其自身的实现（Vollzug）；但其并不与对它的演绎或推导等同。自在自为地看，[2]知识学实际上是纯生成、发生、纯行为、事实行动。演绎并不构成知识学的最终立场，只要这种立场揭示出一种发生（Genesis），其处于每一个演绎的"非主体的主体性（asubjektive Subjektivität）"领域这一侧，而这一"主体性"是通过不可还原的不确定性（Unbestimmtheit）或偶然性（Kontingenz）——在它们中必然性得以揭示——来刻画。同样的观点也能在现象学

---

[1] 《知识学1804²》，《费希特全集》，第2卷8，第205页。
[2] "An sich und für sich"是黑格尔用语，译为"自在和自为"，"自在"意指独立于意识或认识的客观存在；"自为"意指为自己发展、存在和运动。"自在自为地考察"就是指我们以事物本来的样貌，按照事物本身的规律去考察事物本身。——译者注

中找到。①

通过悬置和现象学还原，先验意识域的揭示向我们提出了一个根本问题：如果这一领域一方面通过意识与对象的关联来刻画（与此相关的是在先验索引中的对象"实在"的问题②），另外一方面当内在领域这一侧揭示出前内在意识域（相应的这一领域的"实在"问题也要提出），那么我们必须问是什么构成了这一双重（内在和前内在）先验域的统一。对这一问题的回答当然必须考虑现象学"最低限"的强制性（Zwang）（如让-图桑·德桑蒂的表述），即将对主体性的回引及其相关结构合起来一并思考。换句话说（与前面所做的分析对照），如何将认识论诉求的认识合法化与本体论旨在对存在的发掘这一双重现象学领域共置一处，是什么让两者能联系起来？

从德国古典哲学的角度出发对上面的问题有不同的解答，在这我想进一步强调费希特，因为他将上面提到的所有参量都有考察到。在《知识学1804²》（第二版）中，费希特在不用担心先验领域的通达的问题的情况下，将先验哲学提升到最高层级［在1794／1795的《全部知识学的基础》出版十年之后他虽然不再将其描述为"绝对自我"，对其先验哲学的主体维度也只

---

① 三重划分（经验、被生成物和生成）相对于胡塞尔而言对应他的（悬置之外的）经验意识域、内在意识域和前内在先验意识；海德格尔也有类似的划分，后面会讲到。
② 详情见第六章。

什么是现象学？
Was ist Phänomenologie?

称其为"光（Licht）"，他依然保留着这一观点］，即在"统一（Einheit）与析离（Disjunktion）的交点"上的存在（客体）与意识（主体）的关联。而这特别地与对知识对象的居有法则、所有实在的本体论根基及知识最高法则的先验合法性的澄清相关。还要附加上意识的自我消解化和存在之"析出物（Absatz）"之间的连接，及"当作（Als）"——费希特将其置于"使能化"的双重性的中心——是如何为认识可能性条件提供自身合法性的等问题。

在《形而上学的基本概念》中海德格尔对"使能"概念的追溯以一种值得注意的方式让人联想到费希特对相同概念的使用。

前面提到，在费希特与谢林的通信中所争论的点在于（着眼于使能的）彻底先验立场与本体论化的做法是相互对立的；要想解决它们的对立似乎不放弃某一方立场是不可能的。在现象学中也明显地存在这一争论，即在有关胡塞尔的建构现象学和海德格尔的本体论现象学之间再次重现。不过，海德格尔在其1929/1930年讲座中极其重要的76节中尝试将两者结合起来。为此不仅仅需要特殊的反思的努力，人还必须"向一个本源的此-在（Da-sein）"[1]转换，对海德格尔而言，（能避免独断实在论的）"主体"维度与一个放弃意识分析的必然性之间，只

---

[1] 《形而上学的基本概念》，《海德格尔全集》，第29/30卷，第508页。

有在这两层视角发生在一个"基本事件（Grundgeschehen）"①的意义下时才能被调和。而这一"基本事件"指的是什么呢？

"基本事件"与费希特后期（"柏林"时期）用"概念-光-存在—图示（Begriff-Licht-Sein-Schema）"来对知识学做的本质刻画相近，它与一个"思维"对"存在"的指涉原则有关，其通过一个认识前主体的、费希特命名为"光"的原则来串联。但这个"原则"也非第一基本命题，其他命题都从它推演出来，它实际上等同于一个先验的和形而上学的聚合，每个主-客-指涉，或意识-世界-指涉都立于它之上。

海德格尔的"基本事件"表达了同样的意思，尽管其"本源结构"背离了费希特的"概念-光-存在-图示"。海德格尔将"统一性特征"看作一种"筹划"，确切而言：看作对每一个意义筹划的使能化。这个"筹划"通过"背离（Abkehr）"和"回转（Zukehr）"的双重运动②来刻画，其不是反思的，而是使能的："筹划中所筹划的东西被迫使到可能的现实面前，也就是说，筹划所联系的——不在于可能的或现实之物，而是使能

---

① 海德格尔在1929年夏季学期讲座（《形而上学的基本概念》的上一个讲座）中明确讲道："费希特和德国观念论争论的对象"，即"形而上学问题和人的追问"是从"形而上学的基本事件"中衍生而来的。参见《德国观念论（费希特，谢林，黑格尔）和当代哲学问题之状况》，《海德格尔全集》，第28卷，第131页以下。在海德格尔看来，只要我们将德国观念论纳入思考背景（正如讲座标题，另见第47页），这就是当代哲学问题的核心。
② 这个双重运动使人很容易联想到费希特在《知识学（1797）中的第二篇前言》[Zweiter Einleitung in die Wissenschaftslehre（1979）] 中讲到的从自身而出的自我和向内而再回归的自我。

117

什么是现象学？
Was ist Phänomenologie?

者。"①实在物强迫的和约束的特征——即其必然性——预设了使能。"筹划的对象……是之于使能的自行揭示。"②

同时，与前一点紧密相连的第二点在于，每一个筹划都使存在者的存在③得以显现：必然性的自行彰显（Sich-Entgegenhalten）与存在的发起不可分。海德格尔在这里明确地提及谢林的《自由论》：筹划是"一般可能-使能者中的闪光"。④当海德格尔不再仅局限在现象的"确知性（Gewissheit）"上，那么他就超越了其在《存在与时间》第53节中所强调的使能。相对地，他更加⑤接近的是费希特对"使能"的理解，将筹划描述为"使能的双重化"，后者已经出现在《知识学1804²》中。"敞开-存在（Offen-Sein）"之于存在者而言拥有"前逻辑"的维度，海德格尔明确地将其与"使能"相连。⑥

海德格尔最后还指出了"基本事件"的第三个要素。敞开-存在是一种奠基在"整体"之中的"可敞开性（Offenbarkeit）"，海德格尔将"整体"称为"世界"。筹划也是一个整体筹划着的"成像（Bilden）"——海德格尔甚至更进一步说，

---

① 《形而上学的基本概念》，第528页。
② 同上，第529页。
③ 在"之于每个存在者""先验"的意义上而言，如海德格尔《存在与时间》第43节（前面引用）所说的那样。
④ 《形而上学的基本概念》，第529页。
⑤ "更加"，因为海德格尔在这里［《形而上学的基本概念》］特别强调了使能双重化的概念，而在《存在与时间》第53节中，他强调的恰恰是使能化能够得到确定的方式。
⑥ 《形而上学的基本概念》，第510页。

是整体、世界才首先让可敞开性可能。①处于整个运动的中心的"作为（Als）",虽然海德格尔主要指的是亚里斯多德式的"命题的逻各斯（logos apophantikos）",但其同时也有费希特"作为"（使能之原则）的影子——"'作为'之本质的澄明与'是'和'存在'之本质的问题相伴"②这一论述由此也获得了清晰的意义。当使能与居有法则、存在与合法性法则（费希特），抑或，必然性、存在与前逻辑的整体之聚合（海德格尔）放在一起时，"作为"与"存在"的"共同根源"就必须在使能中获得。必然性、存在和认识合法性之间的关系通过这样的深化后，现象学对"基本事件"的分析作为对德国古典哲学的继承也被提升到了一个新的高度。

做一个总结，本章主要为这样一个观点提供了论据，向德国古典哲学中那些影响深远的理论的回溯可以照亮现象学方法论下的"未被思之物"。未被思之物既与对先验概念的充分理解也与（广义的）"可能性"概念和先验"主体性"概念间的关涉相关。与此相应的三个决定性的问题是：直观明见性如何体现其合法化的效力？悬置执行后现象的存在意义是什么？有关"认识的合法来源"的（认识论）问题要如何与关于先验被构造物的特殊存在之基础的（本体论）问题联系起来？这些问题最后都指向一个问题，即关于相对于个体"自我"的先验"主体

---

① 《形而上学的基本概念》，第513页。
② 同上，第484页。

什么是现象学？
Was ist Phänomenologie?

性"域的状况问题。对此研究的首要成果是对"域（*Feld*）"的解释，随后是在此域中意向关系的"极（*Pol*）"得以构成。既不仅是在德国古典哲学也不只在现象学领域，不只一位（当然也完全不可能由一位）学者对这些问题作出了解答。他们各自提出了（"发生的"或"现象学的"）"建构"、处于"新本体论"中心的"交互条件性关系"和"使能"等概念，即被理解为"使能双重化"的"反思的反思"。谢林，尤其是费希特，开辟出一条分析"认识论"和"本体论"之分离侧的道路。当现象学家们（胡塞尔、海德格尔和列维纳斯）要从思辨的角度去反思先验现象学作为一个统一体的基础时，他们都"背地里"或无意识地受到那一条道路的启发。

第四章 从生活世界出发的先验现象学

然而"先验观念论"还有另外一个面向。讲明这点需要再次回到胡塞尔，不过胡塞尔后期毕竟经历了，先是海德格尔，后是芬克的"现象学内部"的影响和反应。

更进一步来说，本章的出发点在于试图说明胡塞尔在晚期著作《欧洲科学危机与先验现象学》（1936）中所揭示的近代哲学的一个基本动机，其再一次生动地刻画出观念论与物理主义这场持续千年的论战的火花。胡塞尔基于他对休谟的——当然是粗略的——解读拒斥这一动机，而是旨在通过《逻辑研究》的"描述心理学"，《观念Ⅰ》和《笛卡尔式的沉思》中着重于现象学的"先验自我"的研究之后，在他最后一部著作中开辟一条新的通向先验现象学的可能路径。与这条新路径相关的一系列问题和背谬需要我们进一步详细地解释，不过我不会深入到现象学与经验论间的争论之中，而只是要指出经验论对胡塞尔（后期）的先验现象学做出了哪些重要的推动。在本章的最后会简短说明如何从胡塞尔的批判性论断中理出他的正面观点，而这同时也能让我们有系统地过渡到本书第三部分的讨论。

那么什么是胡塞尔所说的（自笛卡尔、伽利略和牛顿以来）近代哲学和科学的"基本动机"？胡塞尔将其基本趋向称之为"客观主义"，其特征在于"它在由经验不言而喻地预先给定的

什么是现象学？
Was ist Phänomenologie?

世界基底上活动，并且追问这个世界的'客观真理'；追问这个世界，对每一个有理性的存在者，都无条件地有效的东西；追问这个世界本身是什么"。①胡塞尔的看法是，这种观点始终蕴含着某种"置换（*Unterschiebung*）"，他将其描绘为"偷换（*Subreption*）"，近代的科学将生活世界置换为一个数学式的基底，其独一地为认识者的存在和有效性提供尺度。或者换句话说，生活世界穿上了一件合身的"观念外衣"，后者表达出假设有理的数学化与普遍理性间深刻的综合一统性。胡塞尔批判这一"客观主义"，其不仅仅对被构想出来的认识基底，也对——在本体论侧的——客观的"存在自身"的假设有着非法的使用。

在胡塞尔看来，休谟哲学中一个隐含的动机能够在不放弃科学理想的情况下避免对客观主义的偷换。这一动机严重地"动摇"了客观主义。其隐含着一个看法认为意识参与到世界的构造之中。不过，意识的这种构造不是从其肯定的效用方面来把握，好似意识生活是一个"存在意义的造就者"，我们要仅仅从否定的意义上来看它："在休谟那里，这整个心灵及其'印象'与'观念'……产生出整个世界，世界本身，而绝不只是印象②——当然，这种产物仅仅是一种虚构。"③胡塞尔自己的观

---
① 《胡塞尔全集》，第6卷，第70页。
② 这里暗含笛卡尔关于"世界之象"的生成的概念。
③ 《胡塞尔全集》，第6卷，第92页。

点与此正好相反,"世界之象"(笛卡尔)和"虚构诸产物"(休谟)的生成必须与现象学对客观性和认识的奠基诉求放在一起思考。对客观主义的动摇因此就在于这样一个事实,意识对世界和客观性的构造在某种意义上是含有成像(bildhaft)意味的,因此其不是虚假的,而是以"虚构"、想象相关的角度来考量的构造成就。①而这个事实也反过来对现象学方法产生了非常重要的影响,本章将对此进行更详细的解释。意识生活都是成就性的生活,基本而言具有如下三个特征:(1)现象存在者的含有成像性;(2)实在客观性;(3)必须认识到认识合法性从根本上的综合一统性。以上三点为我们下面用来建立"先验现象学"的东西提供了基本的指导,具体而言是什么呢?

首先,需要注意的是胡塞尔对"休谟问题"的引人瞩目的诠释。康德很著名的看法是将休谟问题解读为"归纳问题",即从个别事例到普遍法则推演的可行性问题。胡塞尔认为这不是"休谟问题"的实质,问题的根本在于:"如何能够使我们生活于其中的这种对世界的确信——不仅是对日常世界的确信,而且还有建立在这种日常世界之上的对科学的理论构造的确信——的朴素的自明性称为可理解的呢?"②因此,这是一个让假定自明物变得可理解的问题,即一个在哲学家们看来不自明的东西——

---

① 这一看起来与正统胡塞尔现象学相对立的理论,除了这里给出的分析外,还可以在《胡塞尔全集》第23卷的重要章节中得到确认。
② 《胡塞尔全集》,第6卷,第99页。

什么是现象学？
Was ist Phänomenologie?

对世界的确信。[1]对胡塞尔而言，《人性论》著者的卓越功绩在于，首次将科学家的客观真理及客观世界本身视为"在自身中生成的，其自身生活的被构像"[2]——"生活的被构物像（Lebensgebilde）"，其与前面所说的"现象存在者的含有成像性"要放在一块，实际上也必须要放在一块来考量。当胡塞尔强调："最深刻及在最终意义上的世界之谜，这是有关其存在是由主观成就产生的存在的世界之谜，它是具有这样一种自明性的世界之谜，即另外一种世界是完全不可想象的"，这就是"休谟问题"。[3]换个表述就是，"世界问题"本质上只能从主体成就的"意义被构像"及其"含有成像的"特征中获取答案。

如果将胡塞尔对"先验"概念的基本规定纳入考虑，那么"意义被构像"与从肯定侧理解的现象存在者的"含有成像性"之间结合的根本含义会得到更进一步的澄明。在《危机》第26节中谈到了这个问题，第25节及《经验与判断》的第11节也处理了同样的问题，为了更细致地了解，这几个章节要放到一起来看。"先验"概念的根本含义在于，如果将其视为"世界之

---

[1] 这里有一个语言上的相关无法用汉语表现出来，"Selbstverständlich"直译就是"显然、明显、不言而喻、自明"的意思，其由两个词"selbst（自身、自己）"和"verständlich（可理解的）"组成，后者加上"-machen（做、让）"，"verständlichmachen"就译为"让/使……可以理解、好理解（使可理解）"，如果要显示"Selbstverständlich"与"verständlichmachen"词根上的关联，那么就只能是"自明/使明"或"自身可理解/使可理解"，但无论哪组词都会有义理上的损失，所以只好放弃语词而优先义理，选择"自明/使可理解"。——译者注
[2] 《胡塞尔全集》，第6卷，第99页。
[3] 同上，第100页。

谜"(世界的确信性)的答案的原来源 Urquelle，其同时也造就了"被遮蔽的主体性"①之状况。胡塞尔的定义是："'先验'一词"被用来指陈一种"动机"，是"追溯到一切认识形成的最后源泉的动机，是认识者反思自身及其认识生活的动机"，"在认识生活中，一切对认识者有效的科学上的被构物［像］都是合目的地发生的，被作为已获得的东西保存下来，并且现在和将来都可以自由使用"。②"先验"意指一种动机引发化，其让现象学的（与"内在的"被给予物相关的）及科学的可描述之物作为"被构像"而可被理解地向其最终之本源回溯，即向先验主体性的"发挥着效用的诸成就"回溯，这些成就就其本身而言作为"被保存着的"并因而是"随意可用之物"可以被现象学式地（但以不同于纯粹内在描述意义上地）证明和分析。"先验"并不意味着单纯的认识可能性条件，而是意味着对现象学领域的揭示，其作为"认识着的生活"为（在"意义被构［像］"和"有效性被构［像］"意义上的）意义-构成（Sinn-Bildung）提供了既主动又隐蔽的贡献。

为了解决世界之谜，为了能够回答世界确信性的问题，胡塞尔在《危机》中引入了著名的"生活世界（Lebenswelt）"概念。这个概念有什么意义及我们应如何理解它？

简略而言，胡塞尔将"生活世界"理解为我们与世界的关

---

① 《经验与判断》，第11节，第47页。
② 《胡塞尔全集》，第6卷，第100页。

什么是现象学？
Was ist Phänomenologie?

系的所谓不证自明的基础——无论是在日常思想和行动中，还是在对对象的科学或哲学处理中，都没有将其作为讨论的主题。跳过或粗心大意地忽视每一个认识论理论化的生活世界基础，是近代客观主义自然科学危机的原因。如何获得这一基础，它的基本特征是什么？生活世界的主题化又具有怎样的科学性？

答案就在胡塞尔的著名方法论原则中，他称之为"生活世界的悬置"，其同时将"悬置"与"还原"包括其中。其表明，无论以何种角度去考量生活世界，它都会有一个"一般结构"。生活世界的先天不是客观-逻辑的先天，后者要向前者"回溯"。"回溯性是一种有效性的奠基"，一种基于"某种观念化成就"的奠基。"生活世界之科学"的基本任务在于指明"'客观'如何建立在生活世界的'主观-相对'的先天之中"，及如何在生活世界的明见性中获得其"意义和合法性之源"。这里两种基本形式的先天必须被明确地区分开来，并且客观的先天对生活世界的先天的置换这一点也必须被明确指出（并避免）。生活世界的悬置就是旨在作出这样一个区分和确证前面所论述的奠基关系。胡塞尔写到："只有通过回溯到应在一种独立的先天的科学中展开的生活世界的先天性，我们的先天科学，客观-逻辑的科学，才能获得一种真正彻底的、真正科学的基础……"[1]

与这样一个原创性的先天相对应的是一个全新的研究域。

---

[1] 《胡塞尔全集》，第6卷，第144页。

一个与"目光（Blick）解放"相关的领域。从何解放？从对客观主义观念中"最强大的束缚"中解脱出来。为什么解放？为了生活世界的先天。"完全的转换"意味着一种完全的态度转变，即用一种指涉方式去取代另一种。"最隐秘的内在束缚"应让位于"绝对封闭的和绝对独立的关联"。①我们的目光应从世界的前被给予性中解放并转向世界及世界意识的普遍关联之中。

如果我们深入到那种新的关联之先天的意义及有效性内涵中，一个"新维度的常新现象"的无穷尽性就展现在我们面前，胡塞尔称为"纯粹主观现象"，一种"精神诸过程（geistige Verläufe）"，其效用正在于"意义诸构形（*Sinngestalten*）②的构造"。③这里关涉到一个新的维度，一个本己的"领域"，一个"主体的领域"。胡塞尔称："这是一个完全自身封闭的主观物的领域，以它自己的方式存在。在一切经验中，一切思想中，一切生活中发挥功能，因此到处都是不可代替地存在着，然而却从来没有被考虑，从来没有被把握和理解。"④现象学的任务正在于对这一领域的把握和理解。而被把握的"材料"不是符号，不是任何固定物或不动者。而是"精神材料"，其"本身又总是一再地以本质必然性表明是精神构形，是被构造的〔与这相关的是一个无穷尽的构造的封闭过程，在其中'精神的构形'不

---

① 《胡塞尔全集》，第6卷，第154页。
② 胡塞尔也用"构形之诸构成（GestaltBILDUNGEN）"的表述。
③ 《胡塞尔全集》，第6卷，第114页。
④ 同上。

什么是现象学?
Was ist Phänomenologie?

断地产生和变化地被把握],正如一切新形成的构形都能变成材料,即能为构形构造的形成其作用一样。"①胡塞尔因此强调他的现象学与康德式哲学立场的不同。

可以这样来理解,康德对先验("主观")条件的回溯总是只对"特定的问题"提供答案(如:刺激-存在物的先天条件是什么?),而先验主体性则无论如何不能作为一个"场域"或"研究域"来看待,不能为其自身开辟出必然的经验并以同样的方式进行研究。现象学则不同。胡塞尔谈到的"精神材料"并不仅指纯逻辑(抑或某种"僵死")的条件,而是指某种拥有其自身"生活"的、由先验主体性所"激活"的意义构成。世界被理解为生活世界,作为一个"在给予方式的不断变化中永远为我们存在着的世界"——是"精神构形"的统一性(="意义和有效性的联合"),是一个"意义被构像"——作为"普遍的最终发挥功能的主体性的被构像"。②与统一性对应的是胡塞尔在另外的地方称之为"匿名之主体性"。对此他有两方面的考虑。一方面是一种统一性意义,其"贯穿于整个哲学史的一切体系的尝试",③并因此规定着科学作为"普遍哲学"的理想;另一方面是另一种统一性意义,其为在每一个具体的现象学分析中被现象学式的分析物予以意义和有效性。每个现象的意义

---

① 《胡塞尔全集》,第6卷,第114页。
② 同上,第115页。
③ 同上。

由此都要回溯到一个匿名的、最终发挥功效的先验主体性。重点在于，世界构造的成就也参与其中（如果没有对统一性意义的生活世界的回退其永远不可能形成）——并且匿名的主体性"将自身客体化为一个人，一个在世界中的部分"①（更多的说明见下）。世界构造和主体性的自身客体化——这是保证存在意义和有效性意义之统一的两个基本参量，也是生活世界现象学的基本研究重点。

在最后解释如何确保进入生活世界之前，还需要补充一点。胡塞尔一方面谈到客观科学的有效性证据的澄明（及特别的关涉到知识和认识一般的可能性之有效性的认识论问题）；另一方面又强调生活世界的存在意义。如何将两者融合到一起？胡塞尔的回答毫不含糊："科学客观有效性及其全部任务的明确阐明"公开要求"首先追溯到预先给定的世界"。如何理解"预先给定的世界"？它是一个"作为存在着的、在先被给予的、直观的生活环境"。②换句（简单点的）话说，（也许第一眼看起来比较奇特）：有效性，基于公开宣称的"诉求"，要回溯到存在之中。

［到这我们要离题一下。上面讲到的内容牵涉到一个自莱布尼茨、休谟、康德直到新康德主义（比如李凯尔特）以来处于认识论讨论中心的经典问题，即关于"发生（Genese）"和"有效性（Geltung）"，抑或认识的"生成"和"辩护"的问题。

---

① 《胡塞尔全集》，第6卷，第116页。
② 同上，第123页。

什么是现象学?
Was ist Phänomenologie?

传统的观点①认为两者间有着不可逾越的分界,必须把它们区别出来:一方面是有关知识的心理的生成史(康德称之为"生物学的衍生"),另一方面是辩护的有效性。但在哲学史上至少有两位哲学家逾越了这一个界限:一个是费希特,另一个是胡塞尔。

第一个越界(费希特):为有效性辩护之物并不游荡在没有存在的逻辑空间之中,而是必须同时在一个初始-本体论的存在构形中得以"理智地直观"到。在此要区别两种存在,一个是作为思维和意识的相关物而从意识分裂中被分离出来的"死的"存在,一个是最高知识源泉自身的"鲜活存在"。"鲜活存在"就是先验自我。

胡塞尔的出发点有所不同(第二个越界)。他并不追问(与康德的观点完全相对),为了让归纳知识具有确证的结论及得到最终有效的辩护,先验物的"存在"要归于何处——因为胡塞尔认为在此意义下的存在就是先验之中的存在(谢林在《先验观念论系统》中的看法更为极端,他认为这一存在也必须包含每一个被认识物自身的具体内容)——相反,胡塞尔将先验认识的合法性从一开始就与基本的前被给予的存在连接在一起。但要注意避免对"连接在"的误解:不是先有一个存在然后是赋予其认识合法化的效用,而是两者同等原初。它们一贯地统

---

① 参见例如康德《纯粹理性批判》,A版,第86-87页。

第二部分 作为先验观念论的现象学

——在生活世界之中被理解为认识的"基底""源泉"和"本源"。①对胡塞尔的观点我们总结如下:现象学的"发生"不关乎事实(心理)的生成,而是关乎有效性。胡塞尔声称要将由新康德主义巴登学派的文德尔班和李凯尔特所提出的关于有效性的讨论也纳入到存在问题域中。因此,胡塞尔既遵循了从他自己《逻辑研究》的第六研究中对真理的理解,也接受了海德格尔的真理是此在的揭示世界的生存(Existenzial)的观点。在《危机》中,胡塞尔和海德格尔现象学的基本主题达到了顶峰。不可否认的是,在这里存在着逻辑和论证理论方面的挑战,但这也恰恰是胡塞尔原创和令人惊叹的地方。]

那么生活世界可以通过哪两种方式成为基本主题——不是在本体论的有限框架内,而是在最终旨在强调先验普遍关联的更广泛框架内?这里有两种可能的"生活的实现方式",其标志着我们(对世界或在世界中事物)的"清醒状态":要么以"直接指向被给予对象"的方式实现,要么以指向那些朝向"被给予方式"的方式实现。后者表现出一种"主体意识的转变"。在第一种情况下世界和对象"被一般地给予"给我们,"直接"地被意识到;第二种情况下它们则是在主体显像和被给予方式中被意识到。重点是,我们的目光在这种指向的转变下被推向一个综合,其构成了一个"综合的整体"。"普遍之成就的活动"

---

① 鉴于出发点不同,这两种方法实际上是否存在差异,或者鉴于其结果非常相似,这里是否存在相同形式的先验观念论——彻底思考到底——仍然是一个未决的问题。

什么是现象学？
Was ist Phänomenologie?

变成了"我的"，其中一个"持续前被给予的世界"也浮出水面。最终，"世界作为被综合地联结起来的诸成就之可研究的普遍性的相关项，在它的存在结构的整体性中，获得了它的存在意义和它的存在有效性"。[1]有效性将在本体结构中获得——这当然要回到之前的考察上，即回到原初构造层面上的沉积之物，在这里"有效性"和"存在"（还）没有分离。

下一步就是要追问"世界的'前被给予性'"的意义。在自然态度下对此并没有解释，也不将其当成论题。"持续的现实性"是如此自然以至于没有任何必要对其保有关注。先验态度，即所谓的"旨趣转向（Interessenwendung）"则有所不同。真正的现象学态度则正是从"世界的前被给予性"问题出发。这让我们回想到笛卡尔的认识论态度：首先通过向自明的自我（同时形成了与认识相关的方向上的转向）的回溯，"外在世界的实在"的"不定性（Prekarität）"问题才第一次在他那里提出。唯一不同的是，在胡塞尔那里，并没有什么要借助"上帝的诚实（veracitas Dei）"之类的人为发明来费力解决的问题，而是在旨趣的转向自身之中去把握前被给予性的含义的问题。在笛卡尔那里，尽管或因为在自明的"我思（Ego cogito）"中所有认识的阿基米德点得到了证明，世界［的存在］依然是成问题的；而在胡塞尔那里则相反，为了让认识问题能够被解决，世

---

[1] 《胡塞尔全集》，第6卷，第148页。

界的前被给予性问题必须被提出。问题的答案不是——如笛卡尔所说——将存在奠基于思维之上（对这一事实费希特已经在1794／1795年的《全部知识学的基础》第一节末尾中提及），而是世界存在的意识是在有效性模式的综合性联结中产生的。存在并不与有效性相对立，而是还原到有效性、融入有效性或直接从有效性中产生。

现在我们可以一步步地形成"生活世界的科学"的理念，其（作为一门建基于"最终意义给予"的"最终证明"的完全"新科学"）必须研究"世界前被给予性的普遍给予的方式"。胡塞尔认为这也形成了"一个理论上首尾一贯地进行的特殊研究的自身封闭的领域"，其将"最终起作用的，有成就的主观性之全体统一"（将世界的存在纳入考虑）"作为研究的主题。

现在，我们已经更详细地界定了先验意义构成的特征——即关联主义、生活世界的先天和存在的有效性，这些特征对于驳斥那些刻画着近代科学和哲学的客观主义的根本动机有着决定性的意义，下面将介绍《危机》中发展出来的五个基本质疑或疑难，这些疑难为现象学开辟出了新的视角。它们分别是：认识合法性的基本视域、直观性作为所有原则的原则、当下知觉的原初作用、描述作为现象学的根本方法和构造自我的优先地位。

（1）先验的使可理解

胡塞尔在《危机》第49节中对"本源的意义构成"进行了

什么是现象学？
Was ist Phänomenologie?

解释，重要的系统性见解便由此获得。首先值得一提的是胡塞尔实验性地赋予现象学崭新的基本任务。早在19世纪20年代，胡塞尔还致力于"彻底认识合法化"的工作（把现象学作为"严格的科学"来理解，将认识的彻底奠基当作其主要工作），而在《危机》时期他引入了新的概念，即"使可理解化（Verständlichmachung）"。现象学并不在最终奠基的意义上为认识提供辩护，现象学生成可理解性（Verständlichkeit）——回想一下前面导论谈到的现象学的第四个论题"理智化"和第二章的说明。"意义构成"概念是这里的核心，其同时也是意向性的核心：如果，像《观念I》中所言，[1]意向性——它表达了意识的基本属性（即与对象相关）——遍布于整个现象学，那么，现在胡塞尔实际上在《危机》中给出了更具体的说法，即意向性是"唯一现实的和真正的澄清［之活动］"，亦"使可理解［之活动或行为］"。[2]也叫作"先验使可理解"（下面会回到这个问题），抑或"向意义构成的意向之诸本源和统一性的回溯"[3]《危机》中胡塞尔再次强调现象学的"本源概念"并断言，意义构成是把握先验使可理解的关键。[4]

---

[1] 《胡塞尔全集》，第3卷，第1部，第337页。
[2] 《胡塞尔全集》，第6卷，第171页。
[3] 同上。
[4] 当然，胡塞尔早在1919年的讲座中就已经将使可理解化视为"使明了化（Sichtlichmachung）"。见《自然与心灵》，《胡塞尔全集·资料集》，第4卷，威科多德雷赫特出版社，2002年版，第68页。反之，我们也可以说，"先验使可理解化行为"不是胡塞尔的晚期观点，而是在某种意义上贯穿于他的所有作品之中。在此我要感谢马可·卡瓦拉罗（Marco Cavallaro）。

第二部分 作为先验观念论的现象学

另外还有"使共同化（Vergemeinschaftung）"和"交互主体性（Intersubjektivität）"两个维度需要强调，它们为胡塞尔整个论述的融贯隐含地提供了可能的解释，虽然胡塞尔自己并没有明确说出来。胡塞尔声称这里涉及的是"各自主体性的多层次的意向之整体成就"，其"不是个别的"，而是"在共同交互主体性成就中的整体"，①但这一说法似乎乍一看是有问题的：为何将"各自的（jeweilig）"主体性理解为"非个别的（nicht-vereinzelt）"主体性呢？只能说，"主体性"实际指的是交互主体性。那么为何一定要说"主体性"呢？也许可以如此回答：

"我们"[！]"被引回晦暗的视域"②这一观点影响着理解问题，而理解问题从根本上决定着意义构成。在这里需要解释的是"我们"和视域的"晦暗性"两点。

回引发生于对意义构成的解释中，并且，如上，胡塞尔强调，是"我们"被回引。但"我们"指的是谁？是指现象学的"观察者"，那些施行了悬置、被拖入到或者在构造性问题中越陷越深的"观察者"？显然，胡塞尔若持这种看法（并非完全不可能）的话会产生不可理解的困难。因为，这里不是简单地对更深一层的"无偏倚"的观视者和描绘者的指明。真正所指的，用胡塞尔的话来说，是一个"意义构成和[其他]意义构成"

---

① 《胡塞尔全集》，第6卷，第170页。
② 同上。

什么是现象学？
Was ist Phänomenologie?

的"共同作用"。①而这种作用（第二点）是发生在一个"晦暗的视域"中，不是在思维的光芒下，而是以同样的方式发生在意义构成的自身反思的维度中，及这一维度本身就是作为那一晦暗的视域！我们确实有一个回-引（Zurück-leitung），但不是向个别主体意义下的先验主体性的还原，而是——交互主体性也要如此来理解——回到一个意义构成的（在维度意义上的）视域性，这种视域性是通过描述所不能通达的，并且其是在现象学的观视着的主体一侧行进的。为了将不同的情况纳入考虑，这里在术语上有必要再做细分。现象学还原（*Reduktion*）是指：回-传-导（Re-kon-duktion）[回-导引（Zurück-führung）] 至先验主体性。为此我们通过回引进一步深入到内在于意义构成诸过程（"诸作用"）自身之中，而这些过程可被视为是"交互主体的"（胡塞尔也确如此称呼），"交互（inter）"表示的是一种"含有居间性（Zwischenhaftigkeit）"，其呈现为在"之下（Diesseits）"意义下的"下面（Unter）"或"之中（In）"。"交互主体性"不是指一个任意的超主体的（transsubjektiv）维度，其让一个主体与其他主体"共同化"，而是一种，可以这么说，"下主体的（untersubjektiv）"维度["交互（inter）"在拉丁语中不只有"之间（zwischen）"，还有"下面（unter）"的意思]，它将我们向内引入到一个（在"晦暗视域"中的）意

---

① 《胡塞尔全集》，第6卷，第171页。

义构成的真实维度——"我们"同时也"消融（auflösen）"其中，因为意义构成的作用是"匿名"化行进的。对于这种特别的向内指引（*Hineinführung*），其即便不破坏主体性概念，也会彻底转变它。为了清楚地将回引（Zurückführen）和向内指引区别开来——前者多亏通过还原能够通达先验主体性，而后者则是处于前主体的（präsubjektiv）（但也包括上述意义上交互主体的）意义构成之中，术语的规范也是必要的。"先验归纳（*Induktion*）[内引]"是一个不错的建议，有不少优点——不过其已经超出了胡塞尔的框架，尽管所有相关的论述已经清晰地蕴含其中。先验归纳在最重要的点上完善了现象学的方法；但，为免误解，这一概念在胡塞尔那是找不到的。无论如何，现象学新的基本任务是"意义构成"，其以先验的使可理解的面目出现，而且，如前面所说，它也在奠基的匿名性和前主体性的方向上重新界定了主体性概念。

初始解释和深层分析的对比也随着胡塞尔回到世界概念及对其的阐明而再次出现。他指出，知觉世界被证明只是一个"层次（Schicht）"，而这个"层次"特别地只通过"当下"这一时间模式来刻画。"更深层的分析"表明，现在包含着滞留的（retentional）和前摄的（protentional）视域。并且与刚刚提到的"晦暗视域"相对应，胡塞尔写到："时间化作用与时间的这些

137

最初的萌芽形态①完全处于隐蔽状态。"②值得注意的是,虽然没有明确,胡塞尔也暗示,"处于自身固有的,自身封闭的纯粹关联之中的纯粹主观的意向性"与匿名的而真实的"作用化(Fungierung)",即"存在意义-构成的作用"③有着建构结构性的区别。所有这些的目的都在于"一个意义的统一性",指向一个"在流动运动的无限性中的无限之整体"——表现出胡塞尔的目的论取向——"整体性问题作为普遍理性的问题"而展现。所有这些都只有在"意义构成的普遍形式"④的视域之下才是可以理解的。

(2) 对作为"所有原则的原则"的直观明见性的考察

第二个批评是有关胡塞尔《观念Ⅰ》中的"所有原则的原则",即"每一个原初给予的直观都是认识的合法性来源"并且"所有那些在'直觉(Intuition)'中原初[……]提供给我们的,都只应按如其被给予的那样,只在其在如此被给予的限度内来理解"。⑤胡塞尔在这明确区分了直观性("所有原则的原则"只在此有效)的领域和"非直观的诸意识方式以及它们的向直观的使可能性的回引性的"⑥领域。而后者的回引性显然需

---

① 也可按他下一页中讲的"意义构成的被构像"来说。
② 《胡塞尔全集》,第6卷,第171页。
③ 同上,第172页。
④ 同上,第173页。
⑤ 《胡塞尔全集》,第3卷,第1部,第51页。
⑥ 《胡塞尔全集》,第6卷,第173页。

要预设相对于描述-直观而言的另外一种证明方式——即非描述性的，而是"建构性的"，不过胡塞尔没有明确这一点。无论如何，非常值得注意的是，在这里胡塞尔将"所有原则的原则"扩展到了那些显然不再将明见的直观作为其必要前提的被给予方式上。

与之相关，胡塞尔还为一个三重性，自我（Ego）-思维（cogitatio）-所思物（cogitatum）的意义给出了重要的说明。我们应该将其理解为三种意向性的方式，即向指向（auf）某物，关乎（von）某物的显现和某物，作为（als）在对象的显现者中的统一体及自我极的意向通过诸显现所指向的东西。笛卡尔式的方法始于自我通向所思之物。有关生活世界的方法则是从相反的方向指明了三个不同的指涉形式，其出发点是（在无反思的"沉迷"中的）"生活世界的素朴地被给予"，"不间断的纯粹存在之确定性"。生活世界也基于此在第一个反思阶段中"成为了回问显现方式的多样性及显现方式的意向结构的索引、指引"[①]。在反思的第二个阶段，注目的焦点转到自我极及是什么构成了其同一性的问题上。这就意味着，只要《危机》重新强调"回问（Rückfragen）"的重要性，那么相比于之前的处理（如《笛卡尔式的沉思》中），《危机》中的新方法对现象学就有着不同的着重点。不过，从随后关于交互主体性的说明中可以

[①] 《胡塞尔全集》，第6卷，第175页。

什么是现象学？
Was ist Phänomenologie?

看出，尽管特别的［用"所有自我-主体（Ich-subjekte）的'空间'"这一表述来表达的］空间性（Räumlichkeit）再一次表明，之前谈到的内在于非直观被给予物之中的交互主体（"下主体"意义下）的维度也是发挥着作用的，但（与上述方法不同的是）这里指的是一种使共同化的"社会性（Sozialität）"。

(3) 非当下的意识样式的基本作用

有关直观明见性的论题主要聚焦于当下化知觉在意义构成中（假定居于主导地位）的角色。胡塞尔说得很直白：每一个可经验的被给予性都不单单（如前述章节所讲）建立于设定性的知觉之上，而是会同样基于"非现时地显现的多样性意蕴"[①]来运动。这里不仅是指视域性的知觉潜在性（如前面章节所处理的），而且还特别指一种"诸呈现（Darstellungen）"方式，一种有着更深意味的方式。

胡塞尔强调，关于当下此在的某物的意识实际上是一个"……的诸呈现（Darstellungen von）"的体验。"……的"指明了一种普遍的关联-先天。关联是指"存在"与"呈现"的不可分性，没有它"我们完全不能提供任何事物和任何经验的世界"[②]。胡塞尔在这里指出了一个重点。一方面现象学的描述的出发点是（静态的，"在质上固定不变被给予的"）事物（Ding），身体（Körper），和相应的知觉和在当下。另一方面所

[①] 《胡塞尔全集》，第6卷，第162页。
[②] 同上。

140

第二部分 作为先验观念论的现象学

有"各式各样当下化的样式完全进入到我们研究的普遍主体范围之中。也就是说，进入到坚持不懈地专心致志地按照世界的被给予方式的如何（Wie），按照它的显然的和暗含的'诸意向性'考察世界的主体范围之中。在我们指出这种意向性时，关于它我们必须一再地对自己说，如果没有它，对象与世界就不可能为我们而在此存在［这一点非常重要］。更确切地说，对于我们来说，对象与世界只有借助意义和存在样式才存在，它们正是以这种意义和存在样式而不断地从这种主观的成就中产生出来，或说得更确切些，已经产生出来"。①客观的此在——必须明确这一点——奠基于当下化（Vergegenwärtigung）的不同样式之中！当胡塞尔事先列出"回忆"样式时，明显的是，"幻想（Einbildung）"或"想象（Phantasie）"的样式也同样包含其中——至少在胡塞尔看来它们已经有某种客观的、信念的（doxisch）论题化行为并将对象置于追问之下。需要时刻谨记的是，普遍的关联先天的基础与当下化样式一般的"被给予方式之如何"的联结是绝对本质的。②

---

① 《胡塞尔全集》，第6卷，第163页。
② 对关联之先天的发现和意义，胡塞尔自己也有一段很著名的描述，他写道："当第一次想到经验对象与被给予方式的这种普遍关联之先天时（大约是1898年我写作《逻辑研究》时），我被深深地震撼了。以至于从那以后，我毕生的事业都受到系统阐明这种关联之先天的任务的支配。本书以下的思考过程将阐明，将人的主观性包括到这种关联的问题中，如何一定会引起这整个问题之意义的根本改变，并最终一定会导致走向绝对的先验论的主观性的现象学还原。"（《胡塞尔全集》，第6卷，第169页注）

(4) 现象学描述的不充分性

如何实现对关联在"方法论上的保障"？这个问题与《危机》中的"对最终前提的基底的思义"①相关。胡塞尔指出，实际上必须区别出两种"基底"，即客观的基底和先验认识的基底。随之而来的则是方法论上的难点。

这又牵涉到胡塞尔所说的"双重真理"——客观科学和（奠基的）先验哲学视角下的真理。尽管有些"让人惊讶"，胡塞尔依然很明确地谈到这一区分。例如他的著名说辞："哲学作为普遍客观的科学［……］完全不是普遍的科学。"②相信知识的普遍性特征建立在客观性之上是根本错误的。只有当我们放弃对"先验构造着的所有具体的存在和生活"的"盲目性"时，知识才能获得其普遍性。同时，当我们转向原初及古老的意义构成之领域时，不仅是作为基本法则的直观，那些描述性的方法也同样要受到质疑。因此，胡塞尔在这一有着纲领性意义著作中的话再怎么强调也不会过分："一门有关先验存在和生活的'描述的'科学［……］是不存在的。"③胡塞尔认为现象学能在最深层面上进行描述活动——也正因此现象学需要一个与自然科学所不同的真理概念。与之相关的则是一种真正形式的"探查（Erforschen）"④——不过胡塞尔除了谈到"本质的方法"以

---

① 《胡塞尔全集》，第6卷，第178页。
② 同上，第179页。
③ 同上。
④ 同上。

外，并没有更进一步。可以说静态-描述的现象学是完全不充分的。然而，一个有说服力的、奠基性的描述现象学的替代必须是什么样的，胡塞尔并没有给出说明。在此我们也必须走出胡塞尔之外。具体留待第五、第六章。

（5）意识之消解的悖谬

胡塞尔最后又遇到了一个难题，他自己认为这也许是最严重的难题。这是关于构造着世界的主体性的地位的问题，可以概述如下：起始的构造着世界的主体性本身是世界的一部分。如果世界是一个彻底被构造出来的世界，那么岂不是世界被主体存在所吞并，而同时主体又吞并了自身？这是一个两难：要么我们确认主体的世界参与者的身份，那么构造就不是彻底的。要么从实际上的完全彻底性来理解构造，那么那个从属于世界的主体性就——不可避免和不可挽回地——被消解掉了。一个饶有趣味的解决办法是，将自身消解的自我看成某种匿名的意义构成（必须强调，胡塞尔自己并没有发展出这样的观点，但我们很容易将其与胡塞尔已经提出的观点做连接）。胡塞尔并无此意，他的着力点在于指明"自然客观态度的自明性之力"与"'不关心的观视者'的态度"的区分。那么要如何建构性地利用信念的态度与消解信念的先验态度之间的张力？一个主体如何可能同时既在世界之中而又是作为对于（für）世界来说的

什么是现象学?
Was ist Phänomenologie?

主体而存在？光芒要如何照进"自明性的非自明性"①的黑暗之中？在胡塞尔看来，逻辑、先天性和哲学证明②的素朴性在这个问题上帮不了我们什么。

胡塞尔认为解决之道在于——如导论里预告的——初始的非被奠基的先验现象学通过自身之力而完成其基底。③由此显然地，现象学终究建立在一个世界之"空白的（nichtig）"主体性之上的。依此发展出的"悖谬的消解"似乎也可以确定这一点。

但"主体的自我吞噬"的问题要如何解决？这个问题要分两层来看（因为有两种方式的悬置，或者说还原相对应，一个是还原到"主体给予方式"上，另一个是还原到"先验自我"④上）：两个"反思层级"，每一层上都有特定的关联发挥作用。第一层的反思是关于"对象极"和"被给予性方式"的关联。第二层则是关于行使职能的自我与在其意义和有效性成就中的被构造物间的关联。但行使职能的自我不是自然-世界的自我，而是前世界的-交互主体（因此也是一个"模糊"⑤的自我）。由于这里明确的论题是"使共同化"，有关"交互主体性"的观念不能理解成前面讲到的"下主体性"这一侧。

胡塞尔假定悖谬的消解只能在比以上两层反思更深的层面

---

① 《胡塞尔全集》，第6卷，第184页。
② 同上，第185页。
③ 同上。
④ 同上，第190页。
⑤ 同上，第188页。

(即最深层面上的构造)上，在一个注定无世界的自我之上，其在自己中给自己一个发生的效用，这个自我被说成一种"独特的哲学上的孤独状态"①，并且自我在其不可或缺的"唯一性和人称上的无格位变化性（Undeklinierbarkeit）"②中被规定。这也构成了所谓的现象学的"'内在'方法"③。胡塞尔在《笛卡尔式的沉思》第五沉思中已经讲到了这一径路④：(1) 原真（primordial）域的构造，在其中所有的与其他自我性的关涉都被排除在外（向本几域悬置的结果⑤）；(2) 通过去-异己化（Entfremdung）来异感知化［与"通过去-当下化（Ent-Gegenwärtig）来自行时间化（Selbstzeitigung）"类似］；⑥ (3) 先验自我在人中的自身客体化。信念和非信念（先验）的态度，从属于世界的和不从属于世界的先验-构造着的自我间张力在这很显然地向着绝对唯一的（原）自我和——对世界性和客观性而言是构造性的——交互主体性上转移。胡塞尔似乎感觉，与匿名的意义构成和世俗的主体性之间的冲突相比，他在这里的处境要更安全一些。

---

① 《胡塞尔全集》，第6卷，第187页以下。
② 《胡塞尔全集》，第6卷，第188页。人称上的格位变化是德语（及很多其他西方语系）中的特殊语法现象，虽然意思不变，但人称代词会随其所处句子中的位置不同而有所不同。这里讲的可以用自我的原（未变）格指代"匿名性"来理解。——译者注
③ 《胡塞尔全集》，第6卷，第193页。
④ 《胡塞尔全集》，第6卷，第189页第2行到第190页第7行。《笛卡尔式的沉思》中相对应的章节是第44—47节、第49—54节、第45节、第57节。
⑤ 参见《笛卡尔式的沉思》第44节。
⑥ 这里的"去（ent-）"作让某种状态发生、产生或开始理解，而非否定意义。——译者注

什么是现象学？
Was ist Phänomenologie?

我们可以如此总结：以上整个分析的基本问题——即如下情况是如何可能的：通过对原初生活之世界基础的确保来彻底把握客观主义在经验论上的"动摇"——的解决与另一个问题，即自我如何能够同时既从属于世界又构造着世界这个悖谬的解决是一体的。问题的解答在于对一个双重指涉的构造性功效的指明之中，第一重是原真的被还原的自我与异己-自我的指涉，另一重是先验自我与对世界客体化了的自我的指涉。对于胡塞尔而言，先验地被表明的异己经验和先验自我的自身客体化组成了"悖谬解决"的两个步骤。

这里应该插入一段简短的评论，它超出了胡塞尔的文本，但可以用来解释后续的讨论。我们的问题是：存在着一个悖谬，自我同时被理解为参与在世界之中的自我和将世界构造为此世间的一份子的自我，先验自我要从哪方面解释才能解决这样一个矛盾？海德格尔将问题表述为：什么是此在的本源生存性（Extatizität）之"所向（Wohin）"？他的回答是：世界。海德格尔的出发点是此在概念，而胡塞尔的路径则是要回问先验自我的意义。现象学的追求之于胡塞尔而言就是在对意义和有效性的意义之回问的意义上使得某物先验地可理解。我们也因此可以看出胡塞尔和海德格尔的不同是思想出发点上的不同。但除此之外还有另外的不同，如列维纳斯对海德格尔问题的回答是：此在的本源性的从自身而向外出行的"所向"不是世界，而是他者［变异性（Alterität）］。

第二部分 作为先验观念论的现象学

当胡塞尔将先验自我与世界的关涉的问题引到交互主体性上时，问题的答案自然会昭示列维纳斯（及与之类似）的观点。与把与世界的关系置于与他人的关系之前的海德格尔相比，交互主体性在胡塞尔那里也具有一种本源的构造性功能（这也使得列维纳斯的观点在理论方面以一种新的面貌出现）。①

因此，胡塞尔与海德格尔在方法路径上的根本不同也构成了本章最后一部分论述的核心——当然有所扩展，并且是在一个一般性的意义下而言。

回想下前面说的，从事现象学是指：让如何回问意义和有效性这一问题先验地可理解。胡塞尔《危机》中也许是最有名的一句话清楚地表明了这一点："问题不在于保证客观性，而在于理解客观性。"②对胡塞尔而言，现象学的任务不是去解释世界如何被规定。现象学因此不参与到与自然科学的竞争当中，如世界的物质成分是什么或要怎样获得有关其性质的知识。"推演并不是阐明"③——即在自然科学自己的研究方式下它并不能（也不愿）去做意义阐明的工作，它们专注于确定存在的内容及其基本结构。反过来，我们还必须加上，阐明也不是推演。就

---

① 如果将胡塞尔与海德格尔关系的方方面面都纳入考虑，那么他们之间并非没有某种模糊性：一方面，后期胡塞尔将认识合法性回溯到认识的使可理解化这一点上与海德格尔有类似的地方；但是另一方面，海德格尔的此在的本体论结构的视角与胡塞尔向发生的先验主体性之意义和存在有效性的回问是有一个明显的对立关系的。
② 《胡塞尔全集》，第6卷，第193页。
③ 同上。

什么是现象学?
Was ist Phänomenologie?

是说,正是因为科学专注于知识的规定和扩展,它才无法做现象学的工作:为被认识物提供意义和有效性,并且这一工作要通过自我来做:"自我在悬置开始时就确定无疑地被给予了,但却是作为'缄默的具体物'被给予的。必须通过从世界-现象出发的回溯的系统之意向'分析'将其揭示出来,表达出来。"[①]这当然有认识论上的后果。但现象学的认识学不是"知识论(Epistemologie)":先验认识学不关乎客观知识,而是关乎知识的知识,即认识一般的使可理解。胡塞尔在这一点上完全继承了康德的遗产。

但在从生活世界出发的先验哲学的现象学路径的最终点向自我的回溯这一点是可疑的和有问题的。当我们重新将自我作为讨论中心,并且通过对其交互主体的中介的证明来解释自我时,作为问题开场的意义构成问题就被遗忘了。胡塞尔指责笛卡尔站在先验哲学的门槛上,却在迈出决定性的一步之前退缩了,而这恰恰也适用于胡塞尔——如果我们从后胡塞尔现象学发展的角度来看这一点,并且比胡塞尔更始终如一地强调意义构成之含义的重要性的话。

根据胡塞尔的说法,18世纪的经验主义使近代科学和认识哲学的基本主题——"客观主义"——受到动摇,将这种动摇的方式方法彻底化就为现象学带来了新的方法论和系统性洞见,

---

[①] 《胡塞尔全集》,第6卷,第191页。

我们现在再次总结一下这些新东西。

那一种动摇（尤其是在休谟那）展现出一种张力，一方是为了赋予显现者的存在以正当性的"虚构产物"的成像，另一方是要与世界的确定性相匹配的必然性。因此，意义被构像的构造与生活世界的必然设定必须被联系起来。对胡塞尔而言，从一系列——对认识合法性、直观性、当下化、描述、意识消解的悖谬等概念各自作用的——批判性的考察中浮现出一个更深的对立：信念态度与先验态度间的张力。休谟开辟出了新的视角——先验的意义构成是由非描述性的先验使可理解组成的，而后者必须强调非直观和非当下的意识诸成就，其将每一个自我极之下的匿名的意义构成过程置于分析的中心，相较于追随和深化这一视角，胡塞尔更倾向于回到"使共同化的交互主体性"的作用上去。对这一机会［新视角］的错失是他曾经遭受并一直遭受主观主义和唯我论批评的主要原因。在接下来的最后两章中我们会看到一门新的"先验观念论"——其必须更好地深化和论证，而不是仅仅将认识合法性的先验观念论与意义构成的先验观念论并置——是如何能够加入并必然加入到当代哲学的讨论当中的。

第三部分
现象学及有关实在的问题

第五章 意义构成的先验现象学与"思辨实在论"

对于现象学而言，由于"新实在论"的关系而重新回到人们讨论的视野当中也许并不是什么坏事。比这一无关紧要的情况更重要的是——就这种"新实在论"而言，起码以最有影响力的甘丹·梅亚苏（Quentin Meillassoux）的"思辨实在论"[1]来看，只要"新实在论"声称自己既是对"诸法则"又是对"绝对者"的思考[2]，那么——其倾向与现象学论辩的情况也迫使现象学对那些系统的核心问题进行深入的探讨。"思辨实在论"所声称并捍卫的思辨性思维的哲学相关性，是现象学感到有必要面对的另一个原因，除了第三章中已经阐明的其他原因之外，现象学也发现自己面临着哲学思辨合法性并对其表明态度的任务。

梅亚苏的哲学图景旨在重建绝对性思维。他试图将其从当代"关联主义"的框架中解放出来，而在他看来，现象学应该

---

[1] 主要参见：甘丹·梅亚苏《有限性之后》(*Nach der Endlichkeit*)，柏林，狄亚凡斯，2008年版；《形而上学、思辨、关联》(*Metaphysik, Spekulation, Korrelation*)，载 A. 阿凡舍亚编：《当代实在论》，柏林，梅威出版社，2013年版。马库斯·加布里埃尔（Markus Gabriel）在他《意义和存在，实在论的本体论》(*Sinn und Existenz. Eine realistische Ontologie*，柏林，苏尔坎普出版社，2016年版) 中对"新实在论"的论述中也有对现象学很重要的讨论，还可参见他的《与马库斯·加布里埃尔商榷，现象学立场之于新实在论》(*Eine Diskussion mit Markus Gabriel. Phänomenologische Positionen zum Neuen Realismus*，P. 盖提西、S. 勒曼、P. 斯密特编，维也纳／柏林，图赫亚+康德出版社，2017年版)。

[2] 梅亚苏：《形而上学、思辨、关联》，第23页。我会首先讨论这篇文章，然后转向《有限性之后》做进一步解释并简短总结。

什么是现象学？
Was ist Phänomenologie?

是关联主义的典型例证。[1]"关联主义（Korrelationismus）"指的是一种观念，即所有存在都必须通过思维的中介才能通达，抛开思维的可通达性去谈论存在是没有意义的。在此他将这种思维与——以自然主义方式理解的——现实存在的思维主体相绑定。梅亚苏的核心问题是他所谓的"前先祖性（Anzestralität）"，即对于宇宙和地球出现生命之前的状态进行充分有理的自然科学之论断的可能性。前先祖性对于梅亚苏非常重要，因为前先祖的论断为他提供了一个样例，让他可以有关于"自在（Ansich）"的论断，而这个"自在"超出了关联主义的框架。

不过梅亚苏有关现象学的论题明显不限于这些特定的问题。关联主义的现象学变型被说成是造就了一种"当代最重要的去绝对化之思的典型"[2]。就是说，现象学不仅拒斥任何绝对的思维，而且——梅亚苏计划对此做更详细的分析——有完备的方法论为之提供基础。只要关联主义没有任何严肃意义上的"绝对者"和"法则"，那么它也就拒斥了思辨思维。因此，批判关联主义的原因在于梅亚苏认为对于哲学的系统性诉求在现象学那里不再得到满足。从这一点出发，我们就可以理解为什么他呼吁现象学以"比如思辨观念论"[3]的方式来应对其——与"法则"和"绝对者"相关的——不足之处，并且还要将思辨的高

---

[1] 本章将详细讨论导言中提到的现象学的第三个论题（不限于与梅亚苏的论辩）。
[2] 梅亚苏：《形而上学、思辨、关联》，第24页。
[3] 同上，第28页。

度提高到笛卡尔、康德、费希特和黑格尔的高度,这样才足以独自处理哲学的根本问题。

本章分为四个部分。首先要论证的是"前先祖性论证"为何没能成功地从现象学的角度出发,从而未能系统地反驳现象学的关联主义。尽管如此,梅拉苏在其基础上强调的"前先祖性的二律背反"包含了另一个对现象学家来说显然更有价值的论点。本章的第二部分会讨论这个问题。第三部分使用了一个额外的论证,从一个新的角度讨论梅亚苏的观点,并让现象学的关联主义的论调看起来远没有他所说的那么缺乏独创性。最后一部分将概述现象学的思辨观念论以应对梅亚苏对现象学的挑战。

首先我们来看为什么从现象学的角度来看,"前先祖性论证"是不会动摇现象学的关联主义的。梅亚苏的不同的论证策略所犯的错误基本都是同一类。

梅亚苏首先以关联主义的角度提问,前先祖的论述是如何产生的。梅亚苏认为在关联主义看来,前先祖的过往是从当下向其可能的过去的回退中"逆向投影(retrojiziert)"[1]出来的。但即便此类"逆向投影(Retrojektion)"的观念不完全错误,

---

[1] 特别参考 L. 藤勒伊在《世界与无限性》(*Welt und Unendlichkeit*)(弗莱堡 / 慕尼黑,阿贝尔出版社,2014年版)一书中关于"现象学方法的先验主义"的反思中对胡塞尔"后向(rückwärts)"构造思想的论述,该思想在《胡塞尔全集》第34卷"先验观念论"标题下得到了具体阐发。

什么是现象学？
Was ist Phänomenologie?

梅亚苏的看法依然不符合现象学的观点。首先现象学的关联主义者并不声称"前先祖的过去不能具有自在的、不依赖于我们的存在"①。它们当然可以不依赖我们经验的人类存在。我们来看一段梅亚苏引用康德《纯粹理性批判》中的话，这段话对于现象学也很关键：

> 人们能够说：过去时段的真实之物是在经验的先验对象中被给予的；但是，它们之于我而言只是对象，并且只是在我可能知觉中按照经验性规律的回溯序列（无论是依照历史的线索还是依照原因与结果的迹象）所表象为过去是真实的，一言以蔽之，当世界的进程导向一个作为当前时间的条件的已逝时间序列时，其对我来言才是对象，并且在过去的时间里是真实的；而已逝时间序列在这种情况下毕竟只是在一个可能经验的联系中，不是就其自身而言被表象为真实的。这样，从亘古以来在我的存在之前已逝的所有事件，无非意味着把经验的链条从当前的知觉开始向上延长到时间规定这一知觉的诸般条件的可能性。②

这里的重点在于，过去只需借助决定它的"诸条件"将自

---

① 梅亚苏：《形而上学、思辨、关联》，第29页。
② Ⅰ.康德：《纯粹理性批判》，第2篇，纯粹理性的二律背反第6章，先验观念论作为解决宇宙论辩证法的钥匙，A495／B523。梅亚苏：《形而上学、思辨、关联》第30页转引。

第三部分 现象学及有关实在的问题

身刻画为一种"可能的经验",而这种"条件"与它的可能性并不矛盾。正如没有人能够实际听到某个无人小岛上森林中树叶的声响这一点并不与声响的实际发生相矛盾一样,先验-理想化的,或以现象学的方式来说,对前先祖的过去的前先祖论断的辩护并不与"现实的"或"真实存在的"目击者相绑定,而只是必须与可能经验的可能性条件相匹配。

梅亚苏的第二个论断,现象学者"建构"了"一个先于我们存在的前先祖性"①也与现象学的观点不相符。如果将"建构"理解为在一连串思维中选出现实存在的那一个的话,这样的标签根本不符合[现象学的]内容与论证实情。现象学的"意向性"描述和分析的是意向对象被"指定"的方式,即如何——作为客体（als Objekt）,而不是心理思维物——被意向地指向。在这一过程中,没有什么存在被"建构"出来,有的只是每一次的存在（的意义）的先验地使可理解。无论是当下的对象还是非当下的对象都是如此。在这点上荒岛上树叶的声响与前先祖的过去之间没有什么不同。

当然梅亚苏也不是没有看到上述问题,只是他对此的回答并不令人信服。下面我们基于这些问题来进一步解构他的观点。

梅亚苏整个立论的基础在于这样一个观点,即他认为关联主义没有能力做到这一点:通过对"必然基础的揭示"而能

---

① 梅亚苏:《形而上学、思辨、关联》,第29页。

什么是现象学?
Was ist Phänomenologie?

"超出主体和世界在凡人的共同体中的例示化而去实体化(hypostasieren)主体与世界的相互关系"①。梅亚苏的这个看法将现象学意向行为的-意向相关项的(noetisch-noematisch)相关关系始终与一个活生生的、经验地正在思考着的人联系在一起。另外他还在相同的意义下强调将其分离是"没有意义"的,因为先验意识"不能脱离其在身体中的具体化而存在"②。为了进一步巩固这个观点,梅亚苏还引入了新的批判论证,因为,根据他的说法,事情比他在上文概述的现象学关联主义立场的简短描述中出现的情况"更为复杂"。他主要强调三个方面:

(1)首先,在梅亚苏看来,不能将"被主体化了"的过去(他理解为有具体的个人所见证的过去)与"前先祖的"过去简单地置于相同的层级之上。他的理由是前先祖的过去从未(向一个主体)现时呈现,而从法律用语而言的可见证的过去却恰恰是可呈现的。主体可确证的过去存在过,前先祖的过去却没有存在过——至少在它被某个主体"事后"重构之前。但这类形式的被构造物在梅亚苏看来完全不能算作"过去"。梅亚苏这里所看到的"荒谬性"或"矛盾"③本质上忽略了这样一个事实,现象学分析关涉"实在"的方式与自然科学的方式是不同的。因此也不能就此论证现象学的主体在前先祖的过去是不在

---

① 梅亚苏:《形而上学、思辨、关联》,第28页。
② 同上,第35页。
③ 同上,第34页。

第三部分 现象学及有关实在的问题

场的——因为这是现象学家根本上已经排除了的，它不能被梅亚苏拿来作为论证中的缺陷或不足而指责现象学。这就提出了一个合理的问题（梅亚苏并没有把它作为一个问题来看），即现象学所分析的东西（即现象的"意义"）与自然科学关涉的真实性之间的关系——而这正是现象学与"绝对者"的关系问题产生的地方（见下文）。由于梅亚苏的论证预设了一个需要澄清的前见，因此其决不能被看作一种可以让现象学对与前先祖性的关涉的理解无效化的方式。

（2）梅亚苏声称他的观点要与那些浅薄的"朴素实在论"相区别。那么他自己的立场到底是什么呢？梅亚苏所指的实在论立场，是他所认为的任何有意义的现象学论述也都要将其作为不可缺少的前提条件的实在论立场，而这正可以表明先验现象学的观点本身的不可取。不过，这个看法是建立在将先验主体的经验个例化视为先验的前提的前设之上。但这个前设——也正是前面梅亚苏所说到的偏见——忽视了现象学悬置的基本蕴含，即先验主体并不诉求其实在的自在存在（An-sich-Sein）。①只要考虑到这一在方法论和系统论上的决定性因素，梅

---

① "悬置"和"还原"实际上恰好不在一个与客观实在具有相同的实在性的领域的揭示中，而只是在"主观的"预示下［从而使两者（客观与主观的现实性）位于同一时间线上］。它们毋宁说是凸显一种存在的中立性——即真正的、不被还原到客观实在上的存在意义——然后对其进行先验的追问。因此，马库斯·加布里埃尔说的似乎也不无道理："好像我们能从心理屏幕的闪烁中抽取现实性一样！如果这就是悬置，那么我在现象学身上看不到任何希望。"（《与马库斯·加布里埃尔商榷，现象学立场之于新实在论》，第220页）但就如前面所澄清的，经由悬置所揭示的现象学领域既不是"实在的"，也不是"心理的"领域，这正是胡塞尔要求正确把握"先验态度的特殊性"的关键所在。梅

159

什么是现象学？
Was ist Phänomenologie?

亚苏对现象学关联主义的阐释就不成立。

（3）最后梅亚苏通过上面讲到的荒岛上树叶声响的例子（梅亚苏自己的例子是在一间废弃房间中掉落的吊灯）来强化对现象学的质疑，但他的解决办法出于相同的原因也是行不通的。如前面提到的，只要没有目击者的过去发生的事件可以像前先祖性那样被整合到可能经验之中，那么这个例子对于先验的（或现象学的）关联主义就没有什么影响。梅亚苏对此的回应是我们不应混淆"空白的被给予性"和"被给予性的空白（Lücke）"。①他的意思是，"可能经验"这一说法中的"可能性"概念是有问题的，即"除了在现实经验世界中'形成一个空白'以外，不存在其他的可能"。②梅亚苏所指的可能是一种没有被实现的潜在的现实。可能也可是一种非现实，即仅仅作为可能性诸条件之对应物的可能对于梅亚苏来说是陌生的。使能化的基本思想在思辨实在论中没有公民地位（jus civitatis）。这种可能完全可以形成"[历史可验证的]被给予性空白"，但由此既不荒谬也不矛盾——而且也并非不可避免地不实在。先验构造的意义在于对可能性条件的照看，对可能的对象认识的呈现和阐释。一个"历史的"非现实在此依然能在其意义赋予的和现实性相关的维度上被把握。但这种把握预设了"非实在的（irrealisierend）"——按胡塞尔的话来讲是那一存在意义"被放

---

① 梅亚苏：《形而上学、思辨、关联》，第37页。
② 同上。

入括号中"或"被关闭了"的——主体,而这一被预设的主体就昭示了,被构造物有没有(或能不能有)一个现实的目击者是不重要的。所谓的"空白的被给予性"和"被给予性的空白"的严格划分只有在某种实在设定形式的前提下才有其合理性。真正重要的区别毋宁说是,某物是凭空臆想出来的还是其是与客观认识的可能性条件相匹配的。这里所讨论的观点又再一次地向我们证明,真正的先验方法的特殊性没有被认真对待,或被直接忽略掉了。如果人们最后将经验被给予物或——建基于被给予物的被给予性之上,并且以数学的模式化努力来考量的——被建构物视为某物(有意义地)"是(ist)"或否的唯一标准,那么所谓的思辨实在论实际上也不过是一种——当然是进阶版的——"素朴实在论"的变种。

总结来讲,从梅亚苏的角度理解的现象学在两点上是有出入的。首先,当涉及世界的实证个体规定性时,现象学并不与自然科学唱反调。现象学从来没有过关于前先祖性的实证性的态度。而只是对于前先祖的论述,我们可以问,它们在现象学上的存在意义是如何被认可的。现象学回答这一问题所使用的"逆向投影的构造"概念与梅亚苏所预设的理解主体性之意义完全不同。现象学所谈的"主体"不是经验在场的或在世的存在,其不处于客观时间序列中,从而要与自然科学式的"地球上的生命"的出场事件相区别。现象学的"主体"——再一次强调——跟每一个待被分析的现象一样,其存在意义要置于"悬置"的

什么是现象学？
Was ist Phänomenologie?

方法之下，即对其存在设定和态度的不执态。力图将现象学主体的出场放入客观的时间序列是荒谬的，因为后者预设了我们要与实在存在者相联系（这是"思辨实在论"没有说出来的前设，不过也是现象学所反对的前设；梅亚苏的观点从这个角度而言陷入了思辨的死胡同）。

以上就是有关"前先祖性"的论证。从现象学的角度来看，这个论证无关紧要也可以被现象学安全地避开。梅亚苏通过针对关联主义而对现象学的批判能成功吗？对这个问题我们还需转向梅亚苏的第二个论证。

梅亚苏根据前面介绍的思考得出一个"前先祖性的二律背反"[①]：实在论自相矛盾（因为只要其对某物 X 进行论述，它就预设了一个对 X 的关系）；另一方面关联主义又破坏了科学的意义，因为它所带入的时间概念违反了客观时间序列也使得科学知识变得不可能。我们在这将后一个"困局"的不成立性先放一边，来看看梅亚苏是如何利用他的思辨实在论的出发点来"解决"关联主义的。

梅亚苏的策略不是通过深化他的前先祖概念来解构关联主义，而是通过对实在论的践行自我矛盾（pragmatischer Selbstwiderspruch）深化来克服关联主义。他的目的在于表明对"绝对者的固有形式"的思考是可能的，"其不依赖于心理的范畴，

---

① 梅亚苏：《形而上学、思辨、关联》，第38页。

无论我们存在与否对其有无把握都自在存在"①。如此而言梅亚苏就意图从任何关联主义的窠臼中解放出来。为了达到他的目的，梅亚苏先列出了三个哲学立场——"关联主义""主观主义"或"主观主义的形而上学""思辨实在论"（梅亚苏自己所持的立场）。要明了三者的区别，重要的是要区分"偶然性（Kontingenz）""实是性（Faktizität）"和"原-实是性（Archi-Faktizität）"。"偶然性"通常被定义为某物可以被设想且可轻松实现为其他样态（如在一个地方长着栎树也可以换成赤杨）。"实是性"是指某物的其他样态虽然是可以设想的，但是不是真的有可能是不清楚的（如脱离物理规律的设想是可以的，但是不是真的有可能则超出了我们的认识）。"原-实是性"则指那些我们不能设想为其他状态之物（并且对于基底的原初事态之必然性的证明也不可能设想其他状态）。

现在可以明了上面的三个基本立场的意义。它们的区别在于其与绝对者以什么样的方式相联系。如其名称所昭示的，关联主义将关联视为不可避免和不可还原之物，但并不将其绝对化，而是拥护关联的"去绝对化"，这就意味着，关联的另一面可能是这样，也可能是那样，甚至完全不同。现象学是这一观点的主要代表。主观主义——梅亚苏主要指黑格尔——则相反，要绝对化关联，即关联自身——在精神的自身寻找过程中——

---

① 梅亚苏：《形而上学、思辨、关联》，第38页。

什么是现象学？
Was ist Phänomenologie?

被把握为绝对者。前面两个观点相互根本对立。为了拒斥主观主义的绝对化倾向，关联主义必须要动用额外的证据——"关联的原-实是性"。借此梅亚苏可以避免"作为所有存在者结构的［相关物的］必然-成为（Notwendig-Werden）"。① 思辨实在论最后既否定关联又否定建立在关联之上的绝对化。它的策略正是在于对那一关联的原-实是性的绝对化。经由这种绝对化"无根据性（非理性）"被本体论化，思辨实在论的原则——"事实性原则（Faktualitätsprinzip）"得以建立，而这一原则为我们带来了"偶然性的必然性"这一概念。思辨实在论将关联的偶然性绝对化，并声称只有偶然性是绝对的。只要我们表明，"在相同的程度下，为了反驳实在论者，相关性的循环论证如何必然蕴含着对关联的绝对化［＝主体化的形而上学］，和为了反驳主观主义，关联的实是性论证如何必然蕴含对实是性的绝对化［＝思辨实在论］"，② 那么我们就会脱离关联主义对关联所做的去绝对化。

上述种种论辩显示出某种排列组合的特征。所谓组合学（Kombinatorik）是指通过对不同形式的和机械的可能性的组合来考量、排除那些不可能的立场，剩下的立场作为答案保留。③

---

① 梅亚苏：《形而上学、思辨、关联》，第44页。
② 梅亚苏：《形而上学、思辨、关联》，第52页。
③ 另外一个使用类似方法的例子可见 P. 德斯科拉（Descola）的《超越自然与文化之外》（*Jenseits von Natur und Kultur*）。在这本书中，德斯科拉认为有关不同人类的"本体论"应该建立在对"意向性"和"身体性"不同关系的组合学之上。

而现象学方法的不同在于其从现象的内容中汲取事务性的问题。想要做到这一点只能发展出一门与思辨实在论相对的思辨观念论或先验论。

在进入批判工作之前，还有一个重要的点要说明。梅亚苏在《有限之后》中在另一个不同的思考方向上发展出一个重要观点。通过这个观点他能建立一个（所谓的）与关联主义最终立场相对立的立场，关联主义者通过声称，从他们的角度而言，所有可能性都是同等可被思考的（denkbar）来为对每一其他-存在-可能（Anders-Sein-Können）的去绝对化辩护。梅亚苏对此的回答是证明（可称为"使绝对化证明"）：所有去绝对化又绝对化了自身。他将这个论证置于他书中最重要的章节，当作他整个论述结论性的观点：

当您[1]对任何知识的怀疑都建立在证明而不仅只是信念或意见之上时，您也必须认同证明的核心是可被思考的。但您论证的核心是，我们能够抵达一切事物——包括我们自己以及世界上的万物——的"不存在的可能性"或"以别的方式存在的可能性"。让我重复一遍，认为我们能够思考它，就等于说我们能够思考万事万物之可能性的绝对性。这就是将自在（An-sich）与对我们而言［的在］（Für-uns）进行区别所必须要付出的代

---

[1] 梅亚苏这里指代关联主义者。

什么是现象学？
Was ist Phänomenologie?

价。因为这两者之间的区别所依据的是绝对之物以不同于其被给定的方式存在的可思性。只有承认了被思辨主义哲学家视为绝对的东西实际上能作为绝对之物来被思考，您所说的去绝对化方法才能起作用。或者说：绝对之物，必须是您实际上能够被思考的（GEDACHT）对象。因为假如不是如此，您根本不会想到在一个主观的或思辨的观念论之外还有其他选择……您的思想试验将蕴含于深刻真理中令人敬畏的力量抽取出来：您"触碰到了"独一无二的绝对之物，唯一的真实之物，在它的帮助下，您得以摧毁形而上学的一切虚假的绝对之物，其中也包括观念论及实在论的绝对之物……

换言之，我不能将无根据性（非理性）——其是一切事物都等同且无差别的可能性——当作唯一与思维相关之物来思考：只有当我将无根据物思考为绝对之物，我才能将所有独断论去绝对化。①

这整个论证建立在什么之上？建立在那一被思考为绝对的无根据之物上，而这一无根据物却恰恰由"实际的思维"来提供！令人惊奇的是，梅亚苏将这个论证视为一个对"本体论证明"的反驳，但我们有充分的理由——当然是在新的证据支持下，即基于对康德式的（或毋宁说费希特式的）思考方式的革

---

① 梅亚苏：《有限之后》，柏林，狄亚凡斯，2008年版，第84页。法语版，巴黎，门槛出版社，2006年版，第80页（德语翻译有少许改动）。

命性的考量之下——质疑他的论证会起到反效果而强化了本体论证明。梅亚苏对本体论证明的批判主要是在于他对绝对自在者的可证明性的拒斥——从名称上看就已经很明显，"实际的"思维不是抽象的"纯粹被思物"，而是在其具体的例示中被把握。现实的情况是，我们有两个选项。梅亚苏写到：只有当被思辨哲学家当作绝对来考虑的被指涉物"是实际上可被思考（denkbar）的绝对者"或"更好一点来讲，作为绝对者实际被思考到（gedacht）"时，（关联主义式的）去绝对化才能起作用。但两者是不一样的！绝对者的实际被思考-成为（Gedacht-Werden）真的要"好过"其实际的［费希特会用"鲜活的（energisch）""鲜活行进的"］可思考性吗？"思辨实在论"和"思辨观念论"在这出现了分野。现象学的思辨观念论绝不会与"实际（tatsächlich）"行进的思维建立联系——而毋宁是与其必然的可思考性建立联系。① 这种联系所带来的不仅是之于先验主体性的关联性，而且还建立了一个存在指涉。"本体论证明"在先验外表下的再次强化并不是说绝对存在者得到了证明，而是"实际思维"的必然存在为作为绝对被思考的无根据物奠基。我们可以将这一强化看成一种在其必然性中揭示出来的不可或缺的主观之回指（当然对这个"主体性"的理解必须是匿名

---

① 但注意，不能说现实物只有在与在先的可思考性之诸条件相符的情况下才能被给予。因为当然有现实之物，在其现实化之前既不可被思考也不可能被思考，例如创伤（Traumatisches）、整个"可转座者（Transpossiblen）"［马尔蒂尼（Maldiney）］领域等。这里主要指的是那些存在基础先于"构造"和本体论"奠基"之物。在后面的章节会回到这个问题上。

什么是现象学？
Was ist Phänomenologie?

的）。①而要赋予"实际的被设想成为"什么样的本体论分量是无关紧要的：完全明确的一点在于，思辨实在论的核心中有一个反实在论的要素，因为如果不在被思物和思维之关联的视界下，我们要怎么来谈"可思考性"和"实际的被思考–成为"？各种"思辨实在论"的批评者都必须承认，他们立场的核心显然隐含了一个关联主义的观点。

梅亚苏的方法当然是一种非-关联主义的方法，正如已经强调过的，它是对现象学的一种挑战，即从现象学的角度提出并剖析一种"思辨观念论"——换言之，一种"现象学的思辨观念论"或"思辨先验主义"。正如我所说的那样，在这样做的时候，它不是根据形而上学的预设和基本决定从外部设计而来（例如，旨在实行一个将前先祖的宇宙数学化的方案），而是完全以现象学内容为导向，可以说是从其"内部"发展出来的。因此，这必须是对关联的充分根据性的地位提出质疑的问题——并且其也不是从外部来决定其解决路径，而是要深化至关联"之下"，亦即深化到前现象性和前内在。这勾勒出一种（现象学的）"元［后］物理学（Metaphysik）"形式，一种不是在"元的（Meta-）"，而是在"下的（Hypo-）"方向上的物理

---

① 费希特早在1804年他的"范畴假定性（Hypothetizität）"的基本思维模式中已经提到这一点，他在对绝对者的鲜活的思维中给出了存在设定，他将其视为一种对本体论证明的复兴（而现在是在先验哲学的语境下被理解），而这个证明又反过来将本体化从绝对自在转移到匿名的思维行为以至（存在–思维）关联上。

学，这就是为什么"关联主义者的下物理学（Hypophysik）"[①]一词是恰当的。这里要关注的点恰恰在于建立一种现象学的思辨观念论（或关联主义），从而积极地实现上述"现象学基本理念"的任务。由此也要建立一种先验的结构模式，可以称之为"关联主义的先验矩列（Matrix）"。那么，从根本上决定这一取自现象学实事含有性的理论模型的基本动机是些什么呢？

阐述这种"关联主义的先验矩列"的第一个基本动机很显然是在于要反思地让现象学的关联自身成为课题。追问从其基本点出发的现象学的关联是什么？尤其是，追问关联关系的本质是什么？由此引出的第二个动机是一劳永逸地使现象学认识的使可理解原则和意义构成的本质一般成为现象学的现象。最后（这将是第三个动机），有必要澄清现象学反思的性质。

关联性（关联），含有意义性（意义）和反思［身］性（Reflexivität）是三个主要概念，在它们的共同作用和相互印证下规定了关联主义的先验矩列。接下来的提纲是沿着一组现象的具体内容或真正的含有实事性展开的，它包含了现象学关联的有意义的和反思的结构，并使其作为本几的现象学现象而显明出来。为什么这些内容到现在从未有人提及，也许可以回到梅洛-庞蒂的名言："自然态度下的现象学准备"[②]一直存在着。这句

[①] "Metaphysik"通用译名为"形而上学"，这里为配合上下文词根辨析来翻译。——译者注

[②] M. 梅洛-庞蒂：《哲学家及其身影》（»Le philosophe et son ombre«），载《锡涅》（*Signes*），巴黎，伽利玛出版社，1960年版，第267页。

什么是现象学?
Was ist Phänomenologie?

话确实适用于每一个现象——但对于那些通过关联、意义和反思来刻画的关联主义的先验矩列而言不适用,[①]因为它在结构上支撑着先验现象学"态度"下的反思的("回转的",即在"自然态度"和"先验态度"中始终有着的相互指向的)目光移向。

首先,需要解决现象学关联的基本框架问题。现象学的关联,从名称上已经多次强调,就是"意向性"。意思是每个意识都是关于某物的意识并且反之亦然,[②]且每一个某物都是以最紧密的方式被置于意向指涉之中。然而,如果这不应仅仅意味着被给予物在一个意识模式下的双重化,也不应仅仅意味着对被给予性的(从根本而言是完全偶然的)当下意识拥有,而且如果还要让人能够理解,特别是理解意义构成和认识构造是如何可能的,那么那些建立起对象指涉的基本属性就必须得到澄明。我们可以称这种基本属性——与海德格尔对胡塞尔意向性概念的深化类似——为"视域揭示的在前摄中把握(In-den-Vorgriff-Nehmen)"。现象学的关联从来不是指一种单纯静态或机械的指涉性,它也不划归于"行为意向的"意识诸指涉。它的意义毋宁说是指每个"某物"的被给予性都应放入到一个理解性的视域性框架之下。[③]但这一点并不一定是要"明显的(trans-

---

[①] 因此先验矩列概念至今也没有被提出。——译者注
[②] 即只有关于某物的意识才能称得上是意识。——译者注
[③] 通过"接收(Aufnehmen)"和"允许(Zulassen)"概念,君特·费加尔建议将重点放在现象学指涉性的空间维度上。G. 费加尔:《非显现性。空间现象学》(*Unscheibarkeit. DerRaum der Phänomenologie*),图宾根,摩尔·兹贝克,2015年版,第50页。

parent）"。关联可以是无意识的，或者是其他当下无意识性的任何一种样式。这里的关键在于，自-在-存在（An-sich-Sein）与将存在视为为（für）意识-存在（Bewusst-Sein）的视角是相对立的（胡塞尔的"符号意指"也是同样的视角，尽管依据之前的说明，其所处的"行为意向"的有限框架必须被超越）。

那么现在在关联中的视域揭示的"前摄"中所把握到的东西是什么呢？被前摄的东西始终是意义显现（Sinnerscheinung）和意义序列（Sinnordnung）。①意义因此是指每一个含有意义性都是"关于"某物"的意义"，②即某物［作为］显现物，这就是我们所说的某物总是将自己置于关联的背面：对象不是依其"物质性"来理解，而是理解为意义，但这个意义不是一个单独的与客体的自在对立的"层"，而是相同客体的意义（显现）。因此，意义指涉性与含有显现性是相互参照［指涉］的。

然而，这种相互指涉预设了一个特别的（自身-）反思性（Reflexivität）。重要的是，这里必须明确强调，这种反思性不应——从主体的角度——被理解为对（……）的反思地回溯。要想充分解释这一点需要使用第四章引入的"先验归纳"概

---

① "意向性分析不仅确立了出现的意识被给予性，而且预示了意识的内在意义序列。这种前摄是现象学意向性分析的建构之要素。它第一次［……］让由存在与知识关系的哲学问题所驱动的意向性分析得以可能。" E.芬克：《埃德蒙·胡塞尔的现象学问题》，第205页。
② "对意识进行意向性解释的基本要素是，所有有意识的生命［……］本身都蕴含着一种意义的统一，它必须指导对意识的任何理论理解。" E.芬克：《埃德蒙·胡塞尔的现象学问题》，第203页。

什么是现象学？
Was ist Phänomenologie?

念。^①其描绘出一种字面上理解而言的在自我反思的意义构成的过程性中的"导引"。^②这一导引让我们能够跨越描述方式的限制，现象学不再做现象学的分析，而是对现象性的反思边界结构及让这一结构可能之物进行某种程度的"自身"反思。^③这是执行一种特殊的现象学相关的反思形式，^④其已经在早期的、前现象学的方法中以各自的形式表现出来（在柏拉图的"心灵"独白中、在斯宾诺莎的思考之自我-思维中、在黑格尔的自我运动中等），并且，如前面强调的，[反思形式] 在其特定的现象

---

① "归纳（Induktion）[内引／诱发]"概念在数学和自然科学中有多种意义。接下来对此概念的使用借用了——诚然是有一定差别的——那些在物理学的、生物-遗传学（即生物上生产的或触发的时刻）和数学运用中形成的用法（在"结构归纳法"中，它指的是一种独立的建构证明程序，通过"生成系统"得出一个解决方案，而不会陷入到哲学的归纳法问题中）。

② M.里希尔在其开创性的文章《澄明虚无——对一个现象学化思考的概述》(»Le Rienenroulé-Esquisse d'une pensée de la phénoménalisation«)（*Textures* 70／7.8，布鲁塞尔，1970，第3—24页）中首次提到了这一"运动"。人们还可以——就像里希尔自己所做的那样——将其与海德格尔的"传递（transitive）"（在"超验的"意义上）"解蔽着的袭来（entbergende [n] Überkommnis）"建立起联系，在其中或多亏了这种袭来，"存在""自身显现"。"形而上学的存在-神-逻辑学机制（onto-theo-logischeVerfassung）"（1956／1957），见海德格尔：《同一与差异》，《海德格尔全集》，第11卷，F. W. V. 赫曼编，美因法兰克福，克罗斯特出版社，2006年版，第71页 [另外里希尔还进一步指出海德格尔的"转向"正是在于"从来没有什么思维之于现象学化的思维的主人（*Herr*）关系"，应该是"相反的情况"：

"现象学化规定了它与思维的关系"。《澄明虚无》，第23页]。

③ 康德在其1786年的《何谓在思考中定向？》(»Was heißt: Sich im Denken orientieren?«)一文中对于斯宾诺莎主义所认为的存在"一种可以思考自身的思维"而略感讶异——康德自己则将其视为一种"偶性（Akzidenz）"，"同时也可为地作为一个主体"存在（《理论作品集》，《康德著作全集》，第5卷，W. 韦舍德尔编，美因法兰克福，苏尔坎普出版社，1968年版，第279页）。这种实在论式的错误推论（梅亚苏犯的也是这个错误），与这样一个假设相关：主体之承载是隶属于意义构成的自我反思之结构，而这与现象学的思辨观念论的现象学的反思形式是相对立的，后者正是为那一意义构成的自我反思之结构提供了现象的基底。

④ 同时也表现为其将前内在域与意义构成的自身反思结构相等同。

化和"现象性"中，其自身必须成为现象学分析的主题。现在，我们可以进一步区分出先验归纳的三个层次。第一层只是向自身反思性的过渡，其展现出所谓的前门入口。第二层是对一开始所获得的东西的自身反思。第三层则将第二层出现的自身反思内向化。每个层次都对应着相应的反思形式。

前面指出，关联的第一个基本特征是视域揭示的在前摄中把握。与此相应的第一层（自身-）反思就施加到之前的（a）意识结构、（b）视域揭示的前摄性，即向意义的筹划和（c）（首先是无内容的）认识使可理解化这三个区分上。由这个第一层的反思我们也就达到了第一层的先验使可理解化，其针对于让关联、意义和反思以及它们之间的交互作用得以可能的东西。(a) 主-客-关联建立在一个特有的结构上；(b) 在意义筹划的基础上进行的意义前摄；及（c）认识的使可理解化首先发展出一个与其所想要寻找的认识原则相对立的认识概念。这里出现一个三重二元性：(a) 主体与客体（其造成意识分离的发生），(b) 被筹划的意义与自给予的意义（因为向意义的筹划是由那个意义的"自-给予（Sich-Geben）"来"回答"，通过它，筹划的"正确性"才能经由不间断的"修正"而被渐进式地验证）和（c）那同一个认识的使可理解化原则的原像（*Urbild*）和映像（*Abbild*）。①

---

① 认识原则类型的筹划旨在原则的"原像"；而首先——在原则单纯的筹划特征中——被把握到的是原则的"映像"。

173

什么是现象学？
Was ist Phänomenologie?

第二层的（自身-）反思则相应地揭示了关联的先验矩列的第二个层次。在第二层的（自身-）反思下我们不再检视视域揭示的在前摄中把握的所有蕴含，而是反思其中显现出来的三个双重性。

(a) 当意识指涉首先是自身回返式（selbstreflexiv）的时，即意识是一种有关意识的意识时，我们就有了自身反思。这并不是指——像黑格尔——自我［身］意识是意识的"真理"（且每一个意识都要预设它），而是指自身意识只能在其反思过程中和其发生中得到澄明。

(b) 从对被筹划和自给予的意义的双重性的自身反思中，就会认识到真理的标准是不断变化的，无法最终确定（这也符合胡塞尔的后期观点，所谓"充实意向"不宣称最终有效性且能被修正）。换句话而言，我们所面对的是一个"解释学的真理"，其不导向终极真理，而是从解释学的视角认定，真理只能在常新的待被实现的真理的实现中得到确立。

(c) 最后是对认识原则的"映像"和"原像"间关系的反思，起初认识原则被筹划为的空概念现在与被建构物联系起来。通过这一反思我们获得了什么？被筹划的单纯映像不是认识澄清的原来源，而仅仅是与一个与其相对而言的概念有关。后者在反思中"自行把握"成为一个空概念。为了要达到其自身最深层的来源，以上被筹划物、被表象之物只要仅仅是一个抽象的映像，那么就必须被消解掉。由此一个新的成分被塑造出来：

不是一种——在第一阶段不可避免地——单纯投影的显像，而是一种通过对先被投影的映像的消解化和原像的认识来源的闪现（Aufscheinen）而发生式的自行生成的反思进程。如果不能是一个纯粹形式化的东西，那么这是一个什么样的成分？其同时处于筹划和消解化的进程之下。我们也可以将后者说成"可塑性（Plastizität）"，正好表达了筹划着的消解化和消解化着的筹划这一双重含义。

当行进着的自身反思不再是有关被给予物的反思，而是一种内向化的反思，其将意义构成的生产性矩阵的最终本源索引揭示出来时，"先验归纳"的进程就终于在第三个（自身-）反思的层次发挥出其无与伦比的效用。

（a）自身意识的内向化自身反思揭示了一个主-客-分离这一侧的领域，也揭示出一个在——在自身意识中和通过自身意识的——回返的自身指涉一侧的领域。胡塞尔在《贝尔瑙手稿》（1917／1918）中的基本思想是将这一领域理解为"前现象的"或"前内在的"现象学构造领域。相应地也造就了先验归纳的"间隔（choratisch）领域"，在其中意义构成的原先验领域变得可通达，对此下面还有两点可以详细展开。

（b）前面说到有关第二个双重性（被筹划的和自给予的意义）的（自身）反思所具有的是一种"解释学的真理"，其似乎蕴含着一个对任何形式的"终极真理"的拒斥。这同样也适用于那些将被假设的被给予物作为认识标准的情况。缺乏那种标

175

什么是现象学？
Was ist Phänomenologie?

准并不意味着现象学没有自己可用的，可避免"素朴实在论"和相对主义问题的真理概念。正是上述"解释学真理"内向化的自身反思为其提供了可能性。这类反思不提供新的可以在各种筹划和解释中更进一步的"意义筹划"或新的"解释"，而是造就了一个现象学发生着的"建构物"的原本己概念。这是一种在前现象领域的打开（Offene）中的建构行为（Konstruieren），其有效性及本几规律性只在建构（Konstruktion）自身中显现。现象学的-发生建构性的领域确立了原本己的"生产性（Generativität）"概念及"生产真理"。相应的例子有：柏拉图的"忽然间（*exaiphnes*）"是处于静止与运动之间的过渡点；费希特在《知识学 1804²》中关于"发生建构"的观点；黑格尔《精神现象学》结尾的"绝对知识"；海德格尔对于在"存在的不可能性的一般可能性"中对先行的分析，其首先让每一个存在的可能性为人的此在敞开（《存在与时间》，第 53 节）；胡塞尔在《贝尔瑙手稿》中的本源现象学的时间性之"原过程"的现象学之建构。

（c）对认识阐明的原来源的自身回返的再现最后让这一第三个内向化的自身反思也变得必要。至此所执行的自身反思的所获物指出一个双重对立的前主体的和"可塑的"设定（Setzen）和消解（Vernichten）"活动（Tätigkeit）"。当然它们不是单纯机械式的"活动"，而是应在内向化着的自身反思中来把握它们。每一个取消（Aufheben）都是对已被设定之物的取消——

因此取消也是被设定物的依赖物。第二个成（塑）像的行进方式基于这样一个事实，单纯的映像将自身把握为一般的同时也由此摧毁了［消解了］自身。而这一层的内向化反思则更进一步，它不再仅仅将自身把握为反思的，而且是在其反思法则性中将自身把握为开显式（erschließend）的反思。后者在一个特殊的双重化中形成了"使能（Ermöglichen）"，这一双重化原初地确立了先验，也让使-可能（Möglich-Machen）得以明了，其反思地将自己视为使-可能自身的使-可能①——在此情况下：反思的可塑性（Plastizität）与使能化（Ermöglichung）并没有什么不同。这种反思的法则性也表达了——连同理解使能化一起——一个与自身相关的存在使能化（Seinsermöglichung）。"存在使能化"从何而来？并且为什么要"经由"理解使能化才能显现？并且重要的是，为什么它"通过"理解使能化而产生？对于前一个问题，我们要说，当理解使能化是纯粹回返式地并建立在纯粹认识相关的基础之上时，那么它的使能化特征就仅仅是抽象的并建立在单纯的断言之上。后一个问题我们可以这样回答，使能化是处于认识论和本体论分界这一侧的，且是它才让它们

---

① 原文是"[dass die Verdoppelung] das Möglich-Machen reflexiv als Möglich-Machen des Möglich-Machens *selbst* durchsichtig"。这句话比较费解，大意（按我的理解，仅供参考）是："使-可能"行为（文中的"其"）反思自身，而得以将自己视为自己的一个"使-可能"，即自己让自己得以可能的"使-可能"，因此它就在这一过程中变成了一个"使可能自身的使可能"，而"双重化（Verdoppelung）"是对这一两次（双重）可能化过程的描述，其另一个名称是"使能（Ermöglichen）"，它让整个过程显然明了而得以被认知（"durchsichtig macht"）。——译者注

177

什么是现象学？
Was ist Phänomenologie?

的分离得以可能。使能的双重化因此也是一个创造-生成的消解化——一方面是，条件物的每一个可经验的肯定性的消解化，和，同一个条件物自身的生成，另一方面是从这一消解-生成过程而来的本体论的"盈余"，其为以此方式而被生成的东西（即我们所寻找的理解之澄明的基础）提供了存在基础。梅亚苏在某种意义上已经发现了这一点，[1]他只是没有从中得出明确的"关联主义"结论，这一点在上面关于他的讨论中已经解释过了。[2]关联主义的先验矩阵并不像康德式的先验主义那样仅仅限定在假定的认识形式上，而是表述了理解的使能化的可反思之"基本原则"；与此同时也揭示了构成每一种意义显现的存在要素的存在之基础。"自反思着的反思"或"作为自把握的自把握（Sich-Erfassen）"并不是单单的（反思-）行为的重复，而是存在在鲜活的（可反思的）反思的自把握中涌出。[3]存在是反思的反思——但不是在一种理智地回向连接或回转朝向意义上地指

---

[1] 如果与《小逻辑》（第78节）初步概念的结尾结合起来看，黑格尔在他的《大逻辑》（"存在"）第一部第一大节第一章的第一小节中也有同样的理解——不同的地方在于，黑格尔是通过"想要纯粹地思考"的自由决定来仅仅提出对"纯粹存在"的诉求。当然真真正正地提出是在《逻辑学》更进一步的后果中发生出——但这种发生化有别于现象学的思辨观念论中的发生化，因为后者最终所指涉的是一个"开放的系统"（芬克），辩证法在其中并不扮演决定性的角色。

[2] 我在《现实性之像》（第103页）中分别将两种生成行为称为"先验的可反思性（transzendentale Reflexibilität）"和"超验着的可反思性（transzendierende Reflexibilität）"。关于后者在下一章中会进一步讨论，其中主要考虑的是，传统哲学中的"本体论证明"（安瑟尔谟和特别是笛卡尔）是否会以一种不同的、非形而上学的方式回到现象学的限制中，以及这是否会成为——用康德的话来说——先天综合判断的最高现象学-思辨的基本原则。

[3] 里希尔对此也讲到存在者从"现象学化的双重运动"中"源出（Hervorquellen）"，见《澄明虚无》第9页。

向反思，而是作为"可反思的（reflexible）"（费希特），如让反思的法则性显明及让存在自身最初出现的反思。后面这一种存在是所有实在的"基础"；它不是在先的被给予或被假定的，而是被发生建构的，可反思地被发生的"实在之承载（Träger）"。关联主义的先验矩阵可以更直观地表现为下：

	关联	意义	反思（＝意义构成的原现象）
第一层反思	主-客-诸关系的视域揭示的在前摄中把握	被筹划的含义-意义的自给予	在认识-使可理解化中被指明的认识及存在法则的映像-原像
第二层反思	自身反思	解释学真理	可塑性（消解-生成着的过程）
第三层反思	前内在	生产性	先验和超越的可反思性

梅亚苏要求现象学不仅意识到其自己的思辨观念主义，还要为其合理性辩护，这种诉求导向了对将"可反思性"作为现象学的思辨观念论之"法则"的澄清。这里是否也包括"绝对者"？当然。梅亚苏的"绝对者"是一个超出关联主义之外的可数学化规定的"超混沌（Hyper-Chaos）"。现象学思辨观念论的根本后果是，在其中有效的存在概念充其量只适用于客观可测量的现实物。它本己的"绝对者"是存在——但有所限定，即其存在恰好不是客观的现实性。那么现象学的思辨观念论的存在概念是什么？

为此，有必要对现象学中的存在概念，尤其是海德格尔的

什么是现象学？
Was ist Phänomenologie?

存在概念做一个简要的初步评述。海德格尔在《存在与时间》的著名段落中提到："存在者的存在"是那些在"首先与通常显现之物"中形成其"意义和根据"的东西。[①]形成某物的"意义和根据"看起来是在说对某物的一种规定性。如果对存在的每一次"思考""规定"等都当然地使存在本体化，即让存在成为单纯的存在者，那么这种对存在的规定性又如何有效？要避免这个明显的矛盾，唯一的办法就是明确"构成某物的意义和根据"在多大程度上属于那些非常特别的——真正先验的[②]——"规定性"，以便可以说这些"规定性"是对存在的规定性，而不用将其本体化。这样的"规定性"是有的，在海德格尔后期哲学中还出现了其他"规定性"。重要的是，在前面三章中，存在的"规定性"已经被具体说明，现在，只要先验现象学旨在澄清其思辨基础［且这一先验现象学是寄居于含有实事的（sachhaltig）存在（＝胡塞尔"区域本体论"中的存在）和可以以不同方式解释的那-存在（Dass-Sein）[③]之间的区分这一侧的］，那么先验现象学的存在概念就允许被当作先验现象学的"绝对者"来把握和呈现。

---

① M.海德格尔：《存在与时间》（《海德格尔全集》，第2卷），F. W. V. 赫尔曼编，美因法兰克福，克洛斯特曼出版社，1977年版，第35页。
② 海德格尔对先验哲学的贡献可参见我的《超越——现象学形而上学和人类学概要》（*Hinaus.Entwürfe zu einer phänomenologischen Metaphysik und Anthropologie*），维尔茨堡，柯尼斯豪斯&诺曼出版社，2011年版，第77页。
③ 这里作者使用"Dass-Sein"意指"Sein, dass..."，即存在，以某种方式。——译者注

第三部分 现象学及有关实在的问题

存在的三个基本规定性是：(1)"先行的（vorgängig）存在"或"前-存在（Vor-Sein）"。为了能把握存在概念，尤其是为了不至于仅仅通过比较性的枚举而将其一一列在这里，必须赋予存在以内在的开放性维度（在"本体论"和"认识论"分界一侧的），其使各种存在概念能够被"时间地"和"地点地"标明。"先行存在"或"前-存在"指出了前内在的开放性维度，其让那些在存在概念中的存在的先验方面超越"客观"存在得以可能。换句话而言，只要"前-存在"包含可经验物的使能化维度，那么它就指明了先验先天性的本体之状况。"前-存在"就是在的每个显现物和自-示物一侧的先验、功能化成就的存在维度的名称。(2) 第二个存在规定是先验可反思性的本体论"盈余"。① "盈余"——总是在先验-现象学的意义构成框架下呈现，因此不是在物质或经验意义上理解——有两个意义。一方面它让"存在"与"反思的反思"的等同变得可以理解，并且，当为了避免先验成就停留在抽象-形式上，必须要将一个绝对的先验存在之规定性纳入进认识合法性之中时，那么"盈余"也是"实在之承载"；一个"绝对的"而非"经验-具体"的成就（顺便一提，通过这一概念，费希特和谢林通信中的争端也

---

① 这里引入的第二个存在的基本规定性在现象学的思辨观念论中对理解存在概念有着核心作用。

181

什么是现象学?
Was ist Phänomenologie?

可解决[①]),因为这里相关的是存在基础而不是存在者内容上的规定性。然而,另一方面,这种"实在之承载"的功能在每个单个的(和被个别化的)存在者的存在中自行分支、分叉和碎裂——一如里希尔所讲的"泡沫(Schaum)""存在火花(Seinsfunken)""存在木屑(-spänen)"和"存在残渣(-schlacken)",[②]它们以"诸析出物"(Absätzen)的形式(如费希特所说)从"现象化的双重运动"或"可反思的超验行为"中本体生产式地喷射出来。"存在盈余"的双重含义是现象学本体论的核心。(3)存在的第三个规定性被理解为列维纳斯(见第三章)所讲的在"构造者和被构造间的互为条件性关系"中的"存在奠基化"。它对每个构造都植入前面说到的"意义-和-根据-形成",并且,得益于超验的可反思性,具体的本体论规定性(对先验构造的补充并以"实在承载"为基础)也变得可以被理解。现象学的思辨观念论的"绝对者"是作为"在先的、奠基着的盈余性"的"存在"。

---

① 对这一著名争论的(先验-现象学的)解决可以这样来理解:一方面,谢林正确的地方在于,只有强调在先验构造中存在的执行功能,后者的先验能力才能得到保证;另一方面,费希特也必须是对的,因为如果不想落入实在论的窘题困境,那么这一存在必不能是某种外在的经验规定性。所以,如果我们不将存在理解为一个确定的存在,而是理解为"实在之承载",那么两边的观点都能被调和(尽管谢林针对费希特"形式主义"的批评在其根本论据上没有就因此消除)。
② M.里希尔:《澄明虚无》,第9—11页。

第三部分 现象学及有关实在的问题

第六章 实在的意义

在哲学意义下的问题不是在认识道路上的知识空白，而是知识空白的形成……这里的问题在于自明之物的可疑性。①

在这最后一章中将再次明确提出"实在"的意义和地位问题，并从现象学的角度加以论述。首先，我们将从不同于前一章的角度来概述这一问题，然后——也是结合前一章的解释（尤其是关于"意义构成的原现象"的论述）——比"思辨实在论"的讨论更有力地勾勒出实在的概念。

谈到"实在"，有两个基本前设看起来是矛盾相关的：一方面，"实在"始终是为（für）某人的实在。在能够确定实在的可能性"一般"或"自在"之前，实在明显地已经处于某个被截取的视角之下了。另一方面也不宜将"实在"完全归于个人视角。② "实在"指涉了与其相对的"为-存在……（Sein-für...）"的一个"更多（Mehr）"。这一"更多"保有通达实在物的各种可能的方式，且首先让为-存在（……）从根本上得以

---

① E.芬克：《埃德蒙·胡塞尔现象学的问题》，第181页。
② 君特·费加尔的话也很适合放在一起来看："某物是实在的不是因为对某物的指涉，而是在指涉之中其被显示为实在的。尽管如果没有对实在的指涉，人们无法认何为实在，但实在物的实在性并不来自指涉和有关指涉的知识。"见《非显现性》，第1页。

183

什么是现象学?
Was ist Phänomenologie?

可能。当然,我们不应该把一种或多或少武断的立场(根据这种立场,我们只应考虑应当之物)与这里所说的"视角"混为一谈。在所有这一切中,我们要处理的是居然有事物"显现"这一神秘性。外在物,最初作为不可知的东西,如何可能被给予,被相信和被认为可被认识?在这一问题之下的是实在在其内容上的"含有实事性(Sachhaltigkeit)"——"实在(Realität)"的词根为"res"(拉丁文的"事物[实]")——也相应地提出了一个更为在先的问题,某物要如何自身显现并可被通达,或者说(按费希特的讲法),每一个"我"要如何与"非我"相接触。

两个基本点。一方面要问,要如何理解这样一种"介于(Zwischen)"?即"介于"带着视角的"为-我-存在(Für-mich-Sein)"与那个作为不可简化为我的感知、思想、想象或设想等行为的"更多"的实在之间。要再次强调的是,这不是与为"实在"提供了内容或实质的具体规定性有关,而是关于我每个意识指涉的本源之所向(Wohin),它甚至先于具体被规定物的被锁定,先于我们能对"世界"(海德格尔),"他者"(列维纳斯)或类似的东西进行言说之前。另一方面,如前所述,一个基本的视角截取(Hinsichtnahme)依然是决定性的,但这首先发生在一个非常本源的层面,甚至发生在任何明显的、有意识的指涉性和任何无意识的对世界的拥有(Welthabe)之前。这样一种匿名(前主观)的维度正如我们在第二章中详细

184

讲到的海德格尔所说的此在的"本体论特征"。意即，在此在的存在的构造中，世界被如此或那样地筹划和阐明。那么，"实在"和我们对实在的"理解"这两个基本前设究竟是如何形成的，即"介于"和为世界筹划"着色"的规定性是如何联系在一起的？为了进一步说明这个问题，我们首先要从另一个角度来审视现象学的关联主义。

先前主要是对"关联主义"的概念定义，现在我们从历史发展的角度来对其做一个要览。哲学及文化历史意义上的对关联主义的思考可以追溯到18世纪晚期。

关联主义突出地表现在康德的哲学中，或，更确切一点，在康德对哲学的态度中，他将其称为"哥白尼式的革命"。其意味是：所有知识——无论是自然科学的还是哲学的——都不可能不相干地从外部去指涉一个自在存在的实在，由此认识主体也不能被看成是相对于实在来说是"透明的"或"外部的"。而应该是，认识主体是从根本上指涉着客观的被给予性和认识相关的规定性的，甚至可以说是构造性地与之关涉的。尽管现象学从哲学史的角度接续了康德的先验哲学论述，但康德在关联主义的问题上已经昭示出某种缺陷。对此我们可以这样来看：

康德自己"先验的"和"现象学式的"方法反对那些——他称之为"独断论"——试图去呈现超越意识和主体之现实的自在存在的理性法则性的尝试。这意味着什么呢？这要回到休谟的归纳问题［从胡塞尔的解读（见第四章）重新回到被普遍

什么是现象学？
Was ist Phänomenologie?

接受的读法]，即从经验个体出发无法说明对其作出规定的法则性的普遍性。结果就是，每一个知识（含有知识性）和科学（含有科学性）都会面临彻底怀疑论的挑战。康德"先验的"和"现象化的""关联主义"是对认识论怀疑论的回应，如何回应的呢？

如果说认识的可能性预设了认识（和被认识物）必须要有必然性和一般有效性的特征，但同时，休谟对归纳推理的质疑又确实触碰到了认识论的痛处，因为必然性和一般有效性无法经验地从被经验到的事物从提取出来，那么，在康德看来，对认识唯一的"拯救"方式就是，其必然性和一般有效性是以某种方式从认识主体而得来的。康德的关联主义是"先验的"是因为，认识主体为将必然性和一般性"置入"所要认识的事物提供了可能性条件。而它又是"现象学的"，因为，以这种方式认识到的东西不是自在的存在者，而是一种"显现"或"现象"（即不是假象！），其特征是避无可避的主-客-关联。

但是，正如之前提到的，康德的先验方法在关联主义问题上有一个缺陷。这一缺陷所导致的后果，我们可以称其为"实在的本体不定性（Prekarität）"。如果认识只能以这样一种方式加以考虑，即被认识到的东西受制于主体的认识条件，由此如果必须抛弃自在存在，那么，这也就意味着"客体性"只获得了认识棱镜的保证。然而，除开这一认识理论框架，现象是否如其所显现的那样存在这一点是未决的。换言之，实在在其存

第三部分 现象学及有关实在的问题

在中变得岌岌可危。①

为了能够更准确地把握"实在"以及对每一个"实在物"的本源指涉的问题，参考一下海德格尔与笛卡尔的讨论会有所帮助。从一个稍有不同的角度出发，我们会得出一个非常相似的结果。在笛卡尔的形而上学思考中实在问题已经与他关于认识在理解对"实在物"的指涉中所起的基本作用的观点紧密地联系在一起了。实在问题首先要说明的就是与世界相关的被给予物的绝对不可怀疑性要如何证明。笛卡尔的——从现象学的角度看——观点之精妙在于，知觉相关的方面必须是不可动摇的确定性条件的组成部分：只要有个别的感官幻象发生（如著名的皮浪主义的例子，一个浸入海中的直的船桨看起来是断裂的），那么，在笛卡尔看来，感官就不适宜用来确定可能的和普遍的对世界的指涉。为了确保绝对不可动摇的确定性，笛卡尔将实在指涉与不可怀疑的认识的认识论条件联系在一起——即与在"我思"中的"我是[在]"的自身确定性这一范例联系，其为所有的认识一般提供了一个基本层。由此也就开启了人们所说的笛卡尔式的"知识主义（Gnoseologismus）"。一个有根有据的，不可置疑的世界指涉必然要求认识相关的（如理解相关的，"理智的"）确定性。同时，"实在"本身也变得有问题：向我思的回溯又反过来造成了著名的"外在世界的实在"的问

---

① 梅亚苏的用词"弱关联主义"因此也就好理解了。

187

什么是现象学？
Was ist Phänomenologie?

题。换句话说：当我们首先将"我思"确立为自身确定的，那么如何才能将同样程度的不可动摇的确定性扩展到那些"外在"于自身确定的意识领域的地方。笛卡尔众所周知的回答是将确定性联系到上帝的诚实上。

在海德格尔看来，现在必须摒弃这种将对世界的揭示引向不可动摇的确定性维度的做法，以及与之相关的对假设的外部实在世界的本体论的可怀疑性，原因至少有三。首先，怀疑世界的被给予性是非常成问题的。与其说哪怕是最轻微的欺骗（比如通过感官）都会让人怀疑世界的被给定性，不如说恰恰相反，只有在世界的被给定性的基础上才有可能发生一次欺骗。另外，世界指涉也不是，也不必是一开始就要以认识论的视角为导向的。第三（与前两点密切相关）在于认识论前提下的实在概念过于狭窄，其预设了传统的真理符合论，一个句子、思想或类似的东西，当其能够用实际上"是"的东西来衡量或测量时，它就因此是真的。这种真理观假定实在已经被给予和预设——而根据开头提出的问题，这恰恰是一个要阐明和澄清的问题！

现在必须认识到由此产生的后果。一方面，我们应该更加清楚地认识到有必要澄清我们与世界之间毋庸置疑的直接指涉；另一方面，我们应该摒弃任何神学-认识论的做法。下面，我们来看看现象学的关联主义是如何试图做到这一点的。

关联主义有四个基本样式，它们对接下来的讨论都有重要作用：

第一个基本样式——据康拉德·克拉默（Konrad Cramer）的著名理论①——来自康德的判断学说，即表达的判断学说。每一个判断中都涉及对不同规定性的"设定（Setzen）"：设定（Setzen）、句子（Satz）、基本命题（Grundsatz）、法则（Gesetz），它们都是不同的——但又内在密切相关的——对"判断"活动的表达方式。②它们的共同之处在于——判断，只要如费希特在完全相同的语境中所强调的那样，是"人类精神的活动"，③没有自我意识这个让经验和知识一般可能的"先验哲学的最高点"，则设定一般、从命题对基本命题的推导、对法则的判断都不再是可能的。如果说"关联主义"是不可避免的，那——根据这里的第一个基本样式——正是因为其是建立在对判断行为本质的先验理解及其与先验统觉的连接的基础之上的。

关联主义的第二个基本样式由费希特提出，涉及他对"自在存在"的理解及由此得出的（他认为在康德那已经蕴含了类似的观点）存在-思维-关联的不可还原性的批评。费希特在《知识学1804²》④中开头第一段（前面引述过）已经（至少是隐含的）指出，先验哲学的本质建立在一个有待被证明的充分根

---

① 康拉德·克拉默：《康德的"我思考"和费希特的"我存在"》（»Kants ›Ich denke‹ und Fichts ›Ich bin««），载《德国观念论国际年刊》，柏林，2003年版，第7—92页。
② 指这几个词之间有着相类似的词根。——译者注
③ 费希特：《所有知识学的基础》，《费希特全集》，第1卷，第2本，第258页。
④ 《知识学1804²》，《费希特全集》，第2卷8，第13页。

什么是现象学?
Was ist Phänomenologie?

据性之上,即将存在者视为是与思维和意识相关的;为此所应提出的理由既从认识的又从存在的角度为关联提供着支持——无论如何,这就是费希特在《知识学》的那个版本中所承诺的方案,在此无法详述。

因此,真正的现象学方法是将"关联主义"从任何"逻辑的"框架中抽离出来(无论是康德的先验演绎还是费希特的综合发生)。在胡塞尔那里,这表现为意识理论的意向分析,特别是(在《危机》中)对世界前被给予性的发生性阐释,通过这种阐释,原初的意向指涉呈现出来(第三个基本样式);在海德格尔那里则表现为对存在的现象学–本体论分析(关联主义的第四个基本样式)。胡塞尔的先验–现象学的方法归结起来就是对意义构成的概念给予最大的关注——这一点在《危机》一文中再次得到了明确的体现,因此,我们必须再次转向它。

为此,胡塞尔提出了两个基本概念——"构造(Konstitution)"和"发生(Genese)",并对这两个概念作了具体界定。构造概念旨在考虑(对象的)统一性是如何在(意识相关的)显现形式的复杂多样性中形成的,以及如何通过这一多样性而形成。而这就牵涉到意向活动(Noesis)和意向相关项(Noema),意向行为和统一的对象意义之间的严格相关性。而又可以从两方面来理解:一方面可以将对象视为"指引"来考察其是如何在相关的意识中被构造的。这种方法就是所谓的"静态现象学"。另一方面,我们也可以追寻这种构造的先验现象学的发生——这既指客体［在相应的"诸沉淀（Sedimentationen）"中］的发生，也指那一自我的意识-极［具有自身"诸习性（Habitualitäten）"］本身的发生。但是，（在"发生的现象学"中刻画的）"发生"这一概念在这里究竟该如何理解呢？

这就引出了胡塞尔现象学的一大系统性难题——同时也是其独创性所在。发生概念处在一个紧张关系之中，其是康德对先验概念的把握与"证明"和"证实"的方案之间的紧张关系，后者还曾经形成了静态现象学。有了"发生"概念，现象学的先验哲学视角（胡塞尔本人称之为先验观念论）才又一次地变得清晰。让我们先仔细看看这一"紧张关系"的两极。

康德方法的革命性创新在于，他为认识的合法性引入了一种论证程序，这种程序后来被称为"先验论证"（尽管康德本人并不这么认为）。通过证明认识的可能性条件，认识得以合法。这与"心理-发生的"方式完全不同，因为它不是根据现实可经验到的基础材料（感觉、知觉等）来追溯发展，而是基于必然被思考的东西来为认识辩护。胡塞尔在其"静态现象学"中采用的方法是对经过心理纯化的，即纯粹本质的和主观的意识成就进行描述，由于这些成就，客体的认识（但同样也包括非认识相关的意识现象）可以被发现和自行证实。通过这种发生成就的本质"纯化"，胡塞尔从一开始就明确地将自己与经验主义相区别。胡塞尔的这种所谓的"构造"程序——在他作为19世

什么是现象学？
Was ist Phänomenologie?

纪90年代《算术哲学》[1]的作者仍然不得不听从弗雷格对心理主义的指责之后——是处于他自己的第一种发生方法（其中的"发生"无疑仍然具有传统的含义）与弗雷格的方法（在1891-1892年的著名文章中有所阐述）之间的一种骑墙式的解决方案。直到1917年前后，新的"发生"和"发生现象学"概念才出现，在胡塞尔看来，他是要给他1891年的第一部著作中的研究给与一定的肯定，但实际上他所作的是一个全新的尝试。

作为"发生现象学"特征的"发生"概念同时提供了（与胡塞尔本人有关的）"构造"[2]的发生（从而超越了静态方法）和（与康德有关的）"先验"的发生。与费希特和谢林不同的是，后一个发生并不在于对先验物的先验-逻辑演绎，而在于试图把（在其认识论的合法化的成就中的）条件和（在其本源的时间维度中的）历史结合起来思考："发生的现象学通过考察在时间之流——其自身也是一个本源地构造着的要成为某物的存在（Werden）——中的本源的要成为某物的存在，以及考察发生地作用着的所谓'动机'，其表明了意识是如何从意识中出发成为意识，及在要成为某物的存在中构造性的成就一直是如何行进的。"[3]由此，在这一程序中所被发生出来的，既有作为可能认识客体的客体的历史，也有相同那一客体的主体关联物。

---

[1] 胡塞尔：《算术哲学。心理学和逻辑学的研究》，哈勒，佩费尔出版社，1891年版。
[2] 《胡塞尔全集》，第14卷，第41页（1921年6月）。
[3] 同上。

第三部分 现象学及有关实在的问题

发生现象学的行进方式无论是之于正统的康德型学者还是当下论证型理论家都是同样陌生的。这是因为，真正参与现象学的前提是要将先验物的本源可经验性（如前所述，胡塞尔在这说的是"先验经验"）的方式视为和把握为必须。但这种说法不是"矛盾说辞"——在这方面，已有后康德时期的迈蒙（Maimon）、费希特等人的正确观点——因为，认识论的主张表现为对（无论是感性的还是逻辑的）先验诸认识条件在内容上的具体明确化，其让一种经验形式成为必须，现象学就致力于研究这一形式的所有复杂性和广度。

为了更好地理解胡塞尔所理解的我们对于本源的世界指涉的本性和本质，有必要回到胡塞尔后期著作《笛卡尔式的沉思》中的一个重要段落："真正的认识论"只与"认识成就的系统澄清"有关，"在其中［物］必须被彻底地理解为意向性成就"，正因如此，胡塞尔继续到："任何一种存在者，无论是实在物还是观念物，都可以被看成在先验主体性成就中被构造的被构物"①。从《笛卡尔式的沉思》到最后的著作和手稿，胡塞尔越来越多地、越来越深入地去澄明，先验发生是以及怎样是一种构成着的（即意义构成着的）成就。因此我们也再一次面对到核心概念"意义构成"。

"意义构成"从根本上体现为现象学的"成就（Leisten）"

---

① 《胡塞尔全集》，第1卷，第118页（强调部分由我所加）。

什么是现象学？
Was ist Phänomenologie?

和"发挥作用（Fungieren）"，首先指的是两个语义相关的基本面向："构成–生成着的"要素（在之前所讲的"发生"意义上）和"幻想（Einbildung）"（和"幻想力"）——后面我还将指出第三个面向［真正现象学意义下的作为构成–图示化的过程性的"成像性（Bildlichkeit）"］。前两个基本面向在《胡塞尔全集》第23卷中已经提出，并且自1917年以来在他对"发生现象学"所做的工作中已经有所体现。而对之进一步的扩展和深化则要算是新一代最重要的法国现象学家马克·里希尔的功劳。对此我要做更进一步的说明。

里希尔数量众多的著作中的核心是为了实现一个现象学的"重新奠基（Neugründung）"。里希尔认为重新奠基是必要的，因为一方面，现象学采纳了一些重要的（如德里达的）见解——奠基的不可能性，对体系的拒绝以及对任何向构造主体回归的拒绝；另一方面，现象学也不满于完全放弃新的"第一哲学"的绝对必要之先验志向而支持彻底的"解构"。新的奠基因此必须考虑理解合法性与奠基可能性之间的紧张关系。我采用（相比于"认识合法性"）"理解合法性 Verständnislegitimation"这么一个里希尔不常用的概念——不过对此在他也讲到过当下现象学研究中谈到的"解放知识的任务"[①]——是为了说明里希尔的"觉知（vernehmen）"、"察觉（Spüren）"、考察（Rech-

---

① 马克·里希尔：《现象学与符号的创立》（*Phénoménologie et institution symbolique*），格勒诺布尔，J.米隆出版社，1987年，第11页。

nung-Tragen），或者合并为，他的使可理解是如何成就和构成意义的。① 换句话说，现象学的新奠基需在拒斥客体化的优先性和保持意义构成的解释间的紧张关系中找到立足点。里希尔费了很长时间来寻找这么一个可以承担此责的"点"或"处所"。里希尔在20世纪最后几年中一直致力于分析胡塞尔的"想象力（Phantasie）"和"幻想力（Einbildungskraft）"概念。而这个也为之前他的尝试提供了现象学的"基底（Boden）"，或提供了"要素"，"浮动"的"环境"——以费希特的语词来讲——即为了他所描绘的"不稳定的（instabil）""不稳定性的数学（Mathesis）"（他现象学的新奠基的目的）提供相应的现象学框架。那么要如何来理解里希尔的"想象"？

里希尔作品中的主要论点是：对存在者与显现者的本源指涉不是通过知觉，而是通过——作为幻想物自由变样的——想象来达成。对此有两个根本点要注意：一是不要将想象理解成认识主体的心理能力（这将是再次向回退到认识主体上），而是一个意义构造的维度，对此只能回过头来说，这一过程发生在"我"身上，即"自我"身上；二是与被给予物或显现者的实在状况直接相关：在知觉中自给予的"客观"实在物，里希尔将

---

① 里希尔有一段对著名的《胡塞尔全集》第6卷附录Ⅲ［《有关几何学起源的问题作为意向的历史性问题》（1936）］的重要评论，他在同样的语境中把"发明（Erfindung）"和"发现（Entdeckung）"的含义放在一起思考，从而解释了他自己是如何从先验现象学的角度来理解"发生"这一概念的。参见《危机的意义与现象学》（*La crise du sens et la phenomenologie*），格勒诺布尔，J.米隆出版社，1990年，第276页。

什么是现象学？
Was ist Phänomenologie?

其说成是对与想象相关的"被察觉物（Perzipierten）"进行"建造结构式的置换"的产物。就是说，在客体化的知觉能够完全固定下来"之前"，里希尔认为注意力应首先集中在变化多端的（即蒸发着的、形式多样的、剪影般的）想象"表象"的"漂浮（Schweben）""闪烁（Blinken）"和"摇摆（Schwingen）"上，意义构成的感受的和图示化的进程在它们中本源地闪现出来。对里希尔而言，现象学虽然需要继续致力于"发生"概念——但不能将其再次归结到构造主观性的同义反复结构，而必须以想象的方式来构思，因为在他看来，只有这样才能考虑到意义构成过程中令人惊讶、无法预料的时刻。

在试图澄清"幻想力"和"想象"在当代现象学研究中再次[1]受到特别关注的原因之后，我们现在将更进一步，强调真正的"构成［成像］的"维度的重要性——从这个意义上说：这一维度创造了先验-现象学的"成像性（Bildlichkeit）"，并形成了"构成［成像］着的进程"。[2] 这就引出了上文提到的意义构成的第三个基本方面，它旨在进一步界定和彻底化胡塞尔关于

---

[1] 萨特早在其1936年的《想象》（L'imagination）和1940年的《想象的现象心理学》中就从现象学的视角对其投入了兴趣。之后梅洛-庞蒂在《可见的与不可见的》（Das Sichtbare und das Unsichtbare）和《眼与心》（Das Augen und der Geist）中强调了"实在的想象构造"。最近的有尼古拉斯·格里马尔迪（Nicolas Grimaldi）在其《平庸论》（Traité de la banalité）（巴黎，PUF出版社，2005年版，第177页）中说道："知觉只是想象的沉淀。"想象在现象学中的作用还可参见鲁道夫·贝内特（Rudolf Bernet）的《意识和存在：现象学的视角》（Conscience et existence: Perspectives phénoménologiques），巴黎，PUF出版社，2004年版。

[2] "成像（Bild）"不能脱离每一个具体的"构成［成像］着的（bildenden）过程"。

先验"被构像（Gebilde）"的规定。我们一方面要论证"现象的现象性"（使现象成其为现象之物），另一方面要从现象学的视角确立实在的状况——特别是要说明现象学对实在的"反思"结构的解释（在费希特和黑格尔那里已经出现）有什么贡献，因为这是理解先验-现象学成像概念以及相关的构成过程性的关键。

到目前为止我们着重强调了两点。对实在的解读注意不要落入笛卡尔式的知识主义窠臼之中。认识证明应为另一形式的理解留出空间，以避免走上片面的认识论方法的道路。现在可以明了二者是如何趋同的。在里希尔那里可以看出（列维纳斯那也类似），对认识合法化诉求的拒绝并不意味着不去寻找最终的根据和起源——而是，正如我前面讲到的，要超出奠基的和单纯认识证明的视角。下面，我将试图让这种有点自相矛盾的状况恰恰成为现象学的成果。只要先验的使可理解化应为我们提供某种认识，那么胡塞尔在《危机》中提出和诉求的我称之为"意义构成的原现象"[1]的概念就是我的论述目标。

所谓"意义构成的原现象"是指让在先验理解中促成的认识成为真正现象学的现象。而这为我们——通过之前讲到的"先验归纳"得到澄清——带来一个三重的"成像（Bild）"概念。[2]为什么要从"成像"入手？两个理由——在这我既提出它

---

[1] 在这里我赋予在之前章节中讲到的关联主义先验矩列的第三层一个新的意味。
[2] 在下文中，我将在分析认识合法化这一"原现象"（在该书中仍被称为"原现象"）的背景下，对我在《现实性之像》（图宾根，摩尔·兹贝克出版社，2015年版，第43页以下）一书中以不同形式阐述的观点进行深入修订。

什么是现象学？
Was ist Phänomenologie?

们也为之辩护——首先是实在＝成像。其次，就其思辨基础（即：就其内在的反身结构）而言，被追问的现象也＝成像，当然不是所有可能现象都适用于这样的等式，而是适用于作为之于"现象"和"现象性"的所有理解的基础的那个层面上的现象。正是这样一个原初现象组成了"意义构成的原现象"。后者不仅具有"描述性的"而且具有"建构性的"要素。在现象学中的"建构"——这里所关联的是另一个核心方面——是指，只要其作为（如多次强调的那样）现象学方法的组成部分，那么它就不是"形而上学的"或"假说-演绎"式的建构，而是一种发生化的方式，它筹划要建构的东西，使意义构成自身首先进行，并揭示其自身的规律性（这完全取决于各自的现象）。现象学的建构并不预设被建构物及由此而来的那些已经设定好目标或目的概念的目的论前提，而是选择在视域的"前摄"下进行揭示和去避。现在，我们再来看看"建构的现象学"在意义构成的原现象上不同形式的含有构成的维度上到底揭示出了什么。可以分三步来看，每一步都能让成像的一个特定方面及其中的形成过程性显现出来。

"意义构成的原现象"展现了对反思的现象学反思中不同的内容特征。那么反思是如何进行的呢？不是通过现象学家来划定自由适用的程序。先验还原依赖于现象学家至少是隐蔽地执行着的悬置，且是与一个对先验主体性的回-传导相对应的，而对现象学方法自身的必然反思形成了反思内在的诸法则性的内向化的凸显。而这，如前面多次提到的，是与"先验归纳"概念相一致的，不过不应将这种归纳与对经验一般的归纳行为相混淆。其既不关乎任何彻底的悬置，也不关乎什么第二层或第二阶的还原，而是一种在前内在的，生产的和建构的直观性领域中的指引。在这一领域中，自身回返式的行进方式让"意义构成的原现象"在知识论和本体论的维度下变得可理解。

"意义构成的原现象"的现象学建构所要求的第一步还只是寻求对一个完全空的概念的认识论解释，特别是，这意味着首先只是一个纯的映像（Abbild）（=原现象的"第一个成像"）被筹划出来。

现象学的认识方式的原现象的现象学建构的第二步是对被筹划物的自身反思——这个反思还依然是完全"内容上"空泛的（映像的）"纯显现"，因此其也必然以现象学的方式可被指明、被"充实"。这一自身反思清楚地表明，正如前一章已经解释过的，认识阐明的法则最初只是概念地和映像式地呈现，而法则的出现又必让映像自身消解。且在这一进程中，一个新的成像过程（亦原现象的"第二个成像"）由此出现：筹划的消解化和消解化的筹划——也即"可塑性"。这个现象学"建构"的特别之处在于，在其中被建构的东西并不是奠基于处于［被建构物］之下的东西之上，而是后者［之下物］本身只有通过建构才变得可及[1][而"实在"将被证明不过是对以这种方式待被成就的意识到化（Bewusstwerdung），其也是对相应的新存在概念的意识到化]。

然而，对认识阐明的原来源进行现象学的建构性再现的工作还远远没有完成。可以说，到此为止，所建构的真正"内容"只能被消极地理解为一种"塑像（Ausbilden）"。现在要进行的内向化的自身反思揭示出原初的反思法则。同时——这对整个存在和实在问题具有决定性的意义——内向化反思与理解的使能化一道蕴含了一个自身指涉的存在使能化，而因此被证明是实在之承载。

我们首先（在"先验可反思性"中）来仔细看一下"理解使能化"，在其中反思法则的意义得以确立。通过原现象的"第三成像"我们进入到了一个全新的领域：一个不是已经被客观给定的领域，而是纯粹的使能自身——即现象学的知识一般的领域。因此，为了不让建构在"第二成像"停止甚至中断，即仅仅停在"原现象"的现象学建构的"第一成像"的消解化上，这个"第三成像"清楚地表明，每一个先验的条件性关系都蕴含着其自身的使能双重化——而这正是先验反思法则之所在。在使能化中，自身消解化和生成化的双重化会反过来被反思（注意是一种新的反思方式，因为其是一种内向式的"反思"而

---

[1] 所谓第一章末讲到的拆解还原。——译者注

不是反身回溯式的）。这样，意义构成的原始现象并没有落入单纯的、形式上的循环，而是在所谓的"生产性循环"中获得了自身（诚然是"前现象"）的"密度"，从而"现象学式地"证明了自身。

现在我们（再次）（在"超验的可反思性"中）来看"存在使能化"概念，要如何从先验反思法则——即从作为使能的使-可能的"可反思性"中——获得存在概念。而它又怎样能以"实在承载"的身份发挥效用？只有当认识使能化同时也是存在使能化时，使能的先验效用才能得到实现。①然而，这并不意味着这里所说的"存在"仅指认识自身。恰恰相反，正如我所说的，在使能中有一个本体论的盈余，其为实在提供认识和存在的基础。并且，使能，只有当其也存在式地自身指明时，它才能具有使能化的特征。抑或，换种方式说，可反思性同时——就认识而言——是先验的，和——就存在而言——是超验的。现在就好理解，为什么说存在是"反思的反思"了。

那一补完了现象学建构的内向化的反思（如前所述，指的是一种新的"反思"，因为它并不——像在通常的情况那样——在反思行为中回返到某些之于反思者而言不可避免的外部事物上）因而形成了"意义构成的原现象"的最后一个面向。因此，"想象"概念在这里是最因应的概念，同时也表明——与前面的

---

① 这个观点明显与雅克·拉康和雅克·德里达的看法相异，他们各自以不同的方式将实在物视为"不可能物（Unmögliches）"。

什么是现象学?
Was ist Phänomenologie?

论述吻合——"先验"想象力的首要地位。在"想象（Einbilden）中的'里（ein-）'"隐含地表达了一种内在性。现在，这一想象不是别的，而正是一种反思［行为］（Reflektieren），其反思着自身，将自身反思为自身反思着的反思。①

我们对现象学意义构成的原现象的建构再做一个简要总结。我们所追求的是对现象学的知识主张的解释法则，其不能被简单事实性地提出（一如直观证据的情况），而是必须——在一种持续不断的，逐渐内向化的反思中——现象学式地自证。这一原则最初只是以一种映像着的"概念"呈现出来——我们并不立即知道它实际上包含了什么。我们并不从外对它进行反思，而是让它在我们眼前自行反思。在这最初的自身反思中，概念映像意识到自己是一个单纯的映像——这使它作为一个映像必然被消解。那还剩下什么？不是无，而是前面讲到的筹划和消解化的可塑的双重活动性。在最后的自身反思中，现在其再不专注于任何指向某个对象的行为（即便是——否定的——消解化活动，如前所述，它仍然保留对要被消解之物的指涉），而只在于对自身纯粹的内在反思，这种反思将自身把握为反思。使能化——反思的双重运动在其中被反思——让先验反思法则得以凸显。同时，在这种看似矛盾的情况下就产生了需要克服的最大困难，存在通过精确和鲜活的把握［行为］自行破框而出——

---

① 原文："［Das Einbilden ist］ein sich als sich reflektierendes Reflektieren"，可参考上一章中的使-可能的反思双重化。——译者注

不是在其被区别为不同的确定性中的存在,而是为这种"鲜活的把握"提供了本体论奠基和支点的那种存在。

作为现象性的现象性(即一开始提到的显现的可能性)的奠基最终要如何呈现出来?如果把现象化理解为对一开始不是现象的被给予物的现象式的表达,那么它就会被误解。现象化不是表达,而毋宁说是——借用海德格尔在《哲学论稿》和《艺术作品》中的术语——一种"悬欠着的内立(ausstehendes Innestehen)"或"悬欠着的内立性"。这意味着,问题不在于(自在)存在如何现象式的表达;同样,问题也不在于任何其他类型的"内在"(意识、表象等)如何到达"外在"(外在世界、外在实在等)。二元论的"内""外"矛盾——"内""外"以不同的方式对应于知识论的和本体论的追问——可以说,随着前内在领域的破出(Aufbrechen)和在意义构成的自身反思的构成的过程中的导引(Einführung)(其是在先验归纳中被执行的),矛盾被"克服"了。这不是以黑格尔的辩证克服为标志,而是以海德格尔的扭转(Verwindung)为标志,只要其预示出现象学新奠基的前景。

基本上,可以对现象学的实在概念作如下阐述:"为-我-存在"和"为-我-存在"的"盈余性"的并置(其形成了起始的和暂时的被特征化的实在概念)是建立在先验-现象学的、匿名的研究域(相当于意义构成和所有意义被构像的运行域)之上

什么是现象学？
Was ist Phänomenologie?

的。就其而言，意义构成的特征是"发生"，"幻想"和"成像性"[或构成（成像）着的过程性]，作为一个结构整体，其让生产的"意义构成的原现象"得以彰显，而后者也使"先验归纳"变得必要。而这恰恰塑造"出了""现象性"和"实在"，或者如我们所看到的，正好塑造了"一个（ein）"确保克服"实在的不定性"的东西。现象性必须被理解为（在现象学领域的"前-主体"维度中）一种"悬欠着的内立"，一种"悬欠着的内立性"。

那么现在，何为实在？这个问题要变得明了只有在两个看似矛盾的论断——"每一个（在存在设定意义下的）[1] 存在都预设了指涉性"和"现实的存在超出了指涉性之外"——得到合理解释后，才有可能得出满意的答案。要回答这个问题，就必须再次提到存在概念。存在——如前一章最后所说的那样——是先在的、奠基着的盈余性。作为超验的非实在（Irrealität）它不是个"实在的谓词"，也不是实在的"下立（Unterstehen）"[不是实在的实体性（Substanzialität）]，因为其对于悬欠的内立而言是"多余的"。相反，实在是（这里是现象学领域的"前客体"维度）在其自身不去触及它的情况下将存在与悬欠的内立必然地相连的东西——这也是为什么实在可以被理解为"存在

---

[1] 存在"是"（Sein »ist«）——存在在这是不可触及的。但存在也必定是"被设定的"——这在根本上形成了实在（及其内在的含有指涉性）的意义。要让这一点先验地可理解，就需要先验现象学（或现象学的思辨观念论）。

的-内立的-外立的-性质（Seins-Inständig-Ausständig-keit）"，"存在-去-外-立（Onto-eis-ek-stasis）"抑或"存在的内外生性（Seinsendoexogeneität）"。这样，在实在概念中——超越了其纯粹认识的（与可错性与本体论的多元论相关的）理解之外——就被置入了内在（内生性）和超验（外生性）的双向关系的"足迹"。实-存在（Real-sein）不是在-自-存在（An-sich-sein），也不是纯粹的为-我-存在（Für-mich-sein），而是内立被发现的和被发生的外-存在（Außer-sein）。

实在（在现象学理解下的）的这一含义同样也适用于——"可反思性"的——"法则"以及现象学思辨观念论的——作为存在的基本规定性的——"绝对"：这些都是思考方法，指示性的考虑，某种意义上还处于起步阶段，自然需要进一步分析和深化。

再版译后记

因翻译此书时我正在德国，不方便查阅国内已有的一些译文，对一些术语没有参考已有的成熟意见，回国后越发觉得应该进行一次大的修订，所以我此次再版校对了关键术语和重点段落，力求减少理解上的误差。

对于书中两个术语的修订在这要做一个简单说明。

"diesseits"（"jenseits"）。一般指"在这一边""此岸""尘世间"（"那一边"，"对岸""彼岸"）之意，书中席勒尔教授将首字母大写"Diesseits"则指一个处于某物之下、先于某事发生之前的含义（"Jenseits"则有超越于、超出、在之外的含义）。意为强调现象学自身奠基需向下挖掘出的更深层次，一个先于或隐藏于现象、主-客、世界概念之下的前现象学的起源领域。因此，"Diesseits"译为"之下"（有时也为"在……之下"），"Jenseits"则为超越。

然后是核心概念"Sinnbildung"，这个词与胡塞尔的术语"（Sinn-）Konstitution（意义构造）"的意思非常接近。但席勒尔教授有自己的用法，其有三层含义，一是指在现象学的最下层的一个被建构、被发生出来的具有起源性质的意义；同时也指代这一意义的形成着、发挥着效用的过程本身（所谓过程化词后缀"-ung"之意）；并且，它作为一个被构造、被发生出来的东西，意指其本身不是最源初的。因此，"Bildung"或"Bild"也有另一个含义，它是一个像，一个对其他东西的形象、形似物、模拟物，所谓现象之像。"Sinnbildung"翻译主要难点在于要如何既体现其与其他一系列同源或衍生词（书中出现不少且都有各自不同的侧重点）的联系又不失上述三层含义。我曾尝试将"Sinnbildung"译为"意义像化"，"意义构像（化）"，"意义构成化"，但最后总觉不妥，还是沿用"意义构成"，相关的词则尽量以"Bildung"——"构成"为主轴并根据各自侧重来演变："Bild"——"成像"、"Gebilde"——"被构像"、"bilden（-d）"——"构成或成像（构成着的或成像着的）"、"Bildhaftigkeit"——"含有成像性的"、"Bildlichkeit"——"成像性"等。

希望每一次认真的阅读和翻译，都能够不辜负选择学术研究的初心！

于兰州
2024 春